Franz Gesellius

Die Transfusion des Blutes: eine historische, kritische und physiologische Studie von Franz Gesellius

Franz Gesellius

Die Transfusion des Blutes: eine historische, kritische und physiologische Studie von Franz Gesellius

ISBN/EAN: 9783743365834

Hergestellt in Europa, USA, Kanada, Australien, Japan

Cover: Foto ©berggeist007 / pixelio.de

Manufactured and distributed by brebook publishing software (www.brebook.com)

Franz Gesellius

Die Transfusion des Blutes: eine historische, kritische und physiologische Studie von Franz Gesellius

DIE
Transfusion des Blutes.

Eine

historische, kritische und physiologische Studie

von

FRANZ GESELLIUS,

der Medicin und Chirurgie Doctor, der Geburtshülfe Magister, der Kaiserlichen Gesellschaft
Wilnaer Aerzte, sowie der Gesellschaft der Aerzte zu Minsk correspondirendes Mitglied.

Mit 17 Holzschnitten.

St. Petersburg,
Verlag von
EDUARD HOPPE.

1873.

Leipzig,
In Commission bei
FRANZ WAGNER.

Seiner Excellenz

dem wirklichen Staats-Rath

Professor Doctor Adam Ossipowitsch

ADAMOWICZ,

Präsidenten der Kaiserlichen Gesellschaft Wilnaer Aerzte, Hoher Orden Commandeur und Ritter, Ehrenmitgliede der medicinischen Gesellschaften zu Kiew, Mohilew und Charkow, Mitgliede der Kaiserlich Leopoldino-Carolinischen Akademie der Wissenschaften und der Gesellschaft der Aerzte zu Moskau, Riga, Dresden, Marburg, etc. etc. etc.

zur

FÜNFZIGJÄHRIGEN DOCTOR-JUBELFEIER

Hochachtungsvoll

gewidmet

vom Verfasser.

Eure Excellenz

waren so gütig, als Präsident der Kaiserlichen Gesellschaft Wilnaer Aerzte, seiner Zeit die Aufmerksamkeit derselben auf meine Arbeiten im Gebiete der Medicin zu lenken, in Folge dessen mir das ehrende Mitglieds-Diplom übersendet wurde.

Genehmigen Sie nun gütigst, vorliegende Studie, die Frucht von fast vierjährigen Versuchen, zu Ihrem heutigen ehrenvollen

FÜNFZIGJÄHRIGEN DOCTOR-JUBILÄUM,

einem Jubeltage, an welchem Sie mit Stolz auf Ihr ein halbes Jahrhundert umfassendes segensreiches Wirken zurückblicken dürfen, als Zeichen meiner vorzüglichsten Hochachtung und Ergebenheit Ihnen darzubringen.

Gestatten Sie mir, dass ich diese Ihnen gewidmete Schrift in folgenden Worten kurz zusammenfasse:

«Die Transfusion, diese herrliche Errungenschaft des siebenzehnten Jahrhunderts, wird und kann nur dann eine grosse Zukunft haben, wenn die medicinische Welt das physiologische Märchen von der absolut giftigen Wirkung **jeglichen** Säugethierblutes im Menschen verwirft.»

Ich habe, die Ehre, mich zu unterzeichnen als

Eurer Excellenz

ganz ergebener

Franz Gesellius.

St. Petersburg, den 1. April 1872.

„Wahrheit in unsrer Wissenschaft,
In ernster Kunst gewissenhaft!"
Dr. *Albrecht Theod. Middeldorpf.*

In meiner am Schluss des Jahres 1868 veröffentlichten Schrift über Transfusion[1]) trat ich als Gegner des Blut-Defibrinirens auf.

Ich setzte im Breiteren die Nachtheile auseinander, die durch das Injiciren des von seinem Faserstoff befreiten Blutes im Menschen entstehen können: dass das Fehlen desselben, nach *Magendi's* klassischen Versuchen an Hunden, zu serösen und sanguinolenten Transsudaten in der Lunge und Darmkanal Veranlassung gebe; dass ein mit solch naturwidriger Künstelei (gleichgültig, ob durch Peitschen, Quirlen, Durchseihen etc. bewirkt) zubereitetes Blut mehr oder minder „todt" sei, mich zu gleicher Zeit gegen jegliche böswillige Auslegung dieses Ausdruckes verwahrend.[2])

Ich wies nach, dass zur Wiederbelebung B l u t und zwar f r i s c h e s nöthig sei, dass alle Versuche mit anderen Substanzen, wie «mit Sauerstoff geschütteltes Blut-Serum», oder «Hühnereiweiss mit gleichen Theilen destillirten Wassers» bei verbluteten, oder durch Kohlendunst erstickten Thieren von absolut keinem Effecte begleitet waren.

Dass nur Blut und zwar nur frisches brauchbar sei, liess sich nur erklären durch ein «Leben», das im frischen Blute vorhanden sein müsse.

Dieses «vegetative Leben» dauere ausserhalb des lebenden Organismus nur wenige Minuten.

---

[1]) *Gesellius. Franz*, Capillar-Blut — undefibrinirtes — zur Transfusion. St. Petersburg. 1868

[2]) Einige Forscher glauben, der Faserstoff sei im Blute gelöst, und nach dem Tode (oder was dasselbe sagen will: kurz nach dem Aderlasse. Verf.) werde das Lösungsmittel zerstört. *Budge*. Lehrbuch der Physiologie. Leipzig 1862. pag. 244.

Die eintretende Gerinnung wäre das Zeichen des Absterbens[1]). Das Verhindern des Gerinnens durch Defibriniren könne das Naturgesetz des Absterbens nicht aufhalten; im Gegentheil müsste solche Blutverbesserungs-Manipulation das kurze «vegetative Leben» des Blutes noch abkürzen.

Ausserdem machte ich aufmerksam auf das verdächtige, mehrfach beobachtete Eintreten von Convulsionen (plötzliche Todesfälle) nach Einspritzungen defibrinirten Blutes.

Aus Allem ginge hervor, dass das defibrinirte Blut als ein verwerfliches zu betrachten sei.

Als Gegner der Defibrination führte ich *Schultz*[2]), *Devay* und *Desgranges*[3]), *E. Martin*[4]) und *Graily-Hewitt*[5]) an.

Leider kannte ich damals noch nicht die gehaltvolle Arbeit von *Rautenberg*[6]), noch den schlagenden Artikel gegen die Defibrination des Blutes *Neudörfer's*[7]), noch die eingehenden und wichtigen Transfusions-Versuche von *Mittler*[8]).

In keiner neueren von Anhängern der Defibrination verfassten Abhandlung über Transfusion ist auf die überzeugenden Ausführungen dieser letzten drei Forscher irgend welche Rücksicht genommen; es sei denn in einer wissenschaftlich nicht zu rechtfertigenden Art und Weise; so z. B. verschweigt man consequent *Neudörfer's* Gründe gegen die Defibrination, citirt aber stets gewissenhaft seinen Ausspruch: «man solle zur Verhütung der Gerinnung eine Auflösung von doppeltkohlensaurem Natron dem Blute zusetzen», eben weil sich aus diesen Worten *Neudörfer's* Kapital für die Zweckmassigkeit der Defibrination schlagen lässt.

Damit nun künftig hin die so triftigen Gründe obiger Auto-

[1]) Der Physiologe *Zimmermann* hält die Gerinnung für einen Zersetzungsprocess der durch alle Verwesung fördernde Substanzen und Einflüsse unterstützt würde wie etwa auch bei der Gährung eine Umlagerung der Atome durch Contactwirkung erfolge. C. F. *Budge*, Lehrbuch der Physiologie, 8. Auflage, pag. 244.
[2]) *Schultz*. Diss. inaug. De transfusione sanguinis. Bonae 1852.
[3]) Gaz. méd. de Paris. 1852.
[4]) *E. Martin*. Ueber die Transfusion bei Blutungen Neuentbundener. Berlin 1859.
[5]) British med. Journal. 29. August 1863, pag. 232.
[6]) *Rautenberg*. Die Transfusion des Blutes. St. Petersburger medicinische Zeitschrift 11. und 12. Heft. St. Petersburg 1868.
[7]) *Neudörfer*. Handbuch der Kriegschirurgie. Allgem Theil. Anhang. Leipzig 1867.
[8]) *Mittler, Heinrich*. Versuche über Transfusion des Blutes (Aus dem Institute für experimentelle Pathologie der Wiener Universität), vorgelegt in der Sitzung am 12. mfi 1868.

ritäten in diese wichtige der Entscheidung entgegen gehenden Frage gezogen werden, führe ich in Nachfolgendem ihre Argumente gegen die Defibrination wörtlich an.

Neudörfer (L. c.) sagt:

«Es ist zwar richtig, dass im Blut die Blutkörperchen die «höchste Dignität für den Stoffwechsel haben, aber die Bedeutung «des Fibrins ist bis jetzt noch immer nicht aufgeklärt. Auch wir «glauben zwar, dass das Fibrin bloss eine Modification des Albu- «mins, eine Umsetzung desselben ist, welche ihm die Eigenschaft «freiwillig zugerinnt mittheilt (*Brücke*), aber als nutzlosen Auswurf- «stoff, als oxydirtes, unbrauchbar gewordenes Albumin können wir «das Fibrin denn doch nicht bezeichnen; dagegen sprechen mehrere «Umstände, unter Anderm auch der, dass es constant einen bedeu- «tenden Eisengehalt hat. Das Fibrin kann nicht eisenfrei dargestellt «werden, seine Asche enthält immer Eisen, auch wenn sie ganz weiss «ist (*Liebig* u. *Schlossberger*). Dieser constante Eisengehalt des Fibrin «lässt in uns die Vermuthung entstehen, dass gerade diesem Albu- «minat möglicher Weise die Aufgabe zukomme, die weissen Blut- «körperchen im Blute in rothe umzuwandeln. Wie dem aber auch «sei, *soviel ist gewiss, dass wir kein Recht haben, von der Trans- «fusion des Blutes zu sprechen, wenn wir bloss einige Bestand- «theile des Blutes einspritzen. Blut ist ein Collectivname und kommt «nur der Summe aller seiner Bestandtheile zu, und wenn wir einen «seiner Bestandtheile entfernen, so kann man den Rest um so we- «niger noch Blut nennen, als wir gar nicht wissen, was wir mit «dem Fibrin aus dem Blute entfernt haben.*»

Rautenberg (L. c.) sagt über die Defibrination zur Transfusion Folgendes:

«Wiewohl die Anwendung des defibrinirten Blutes schon im «Jahre 1821 empfohlen wurde, wiewohl sein Gebrauch leichter, «ungefährlicher, dem Ungeübten zugänglicher ist, *sind bis jetzt nur «18 Fälle der Verwendung desselben am Krankenbett und von diesen «nur 3 bekannt geworden, wo defibrinirtes Blut mit Erfolg ange- «wandt wurde.* Alle glücklichen Resultate wurden bisher durch ganzes «venöses Blut erzielt, und selbst die erste glückliche Rettung eines «durch Kohlendunst vergifteten Menschen vermittelst der Transfusion «wurde von *Badt* und *Martin* im vorigen Jahre mit venösem Blut in «toto bewerkstelligt.

«Da ich, wie gewiss jeder praktische Arzt, mich lieber bestimmen

«lasse, von solchen Heilmitteln im Allgemeinen Gebrauch zu machen,
«welche sich in der Praxis schon bewährt haben, als von solchen,
«deren Nützlichkeit durch das theoretische Raisonnement vielleicht
«ausser Zweifel gestellt, aber am Krankenbette noch nicht gehörig
«geprüft ist; da ich mich ferner durch Versuche überzeugt habe,
«dass man ganz gut auch ganzes venöses Blut ohne Gerinnsel
«transfundiren kann, so bin ich mehr geneigt, ganzes Blut in praxi
«anzuwenden, als defibrinirtes, und dies auch aus folgenden Grün-
«den: 1) weil wir das Blut durch Quirlen in seiner Zusammen-
«setzung bedeutend modificiren und durch Entfernung des Faserstoffs
«(eines Bestandtheils, welcher gewiss eine wichtige, wenn auch bis
«jetzt nicht aufgeklärte Rolle spielt) und durch Entziehung eines
«Theils seiner Blutkörperchen, welche am Fibrin hängen bleiben,
«gewiss ärmer machen und die belebende Wirkung schwächen. *Bi-*
«schoff belebte 3 verblutete Kaninchen mit ganzem, und 3 andere
«mit defibrinirtem Blut; die mit ganzem Blut belebten kamen, wie
«*Bischoff* berichtet, viel eher zum Leben und waren nach dem Ver-
«such kräftiger als die anderen. Dasselbe glaube ich auch bei Hunden
«beobachtet zu haben; 2) weil über die Bereitung des faserstoff-
«freien Blutes, wie *Martin* mit Recht hervorhebt, viel kostbare Zeit
«vergeht. Es ist mir niemals gelungen, durch Quirlen und Coliren
«defibrinirtes Blut im Laboratorium, wo Alles zum Versuche vor-
«bereitet war, wo ich gute Gehülfen hatte, in weniger als 15 Minu-
«ten herzustellen. Bedenkt man nun, wie theuer am Bette z. B.
«einer sich verblutenden Kranken eine jede Secunde ist, welch' eine
«Aufregung im Krankenzimmer eines vielleicht im nächsten Momente
«todten Menschen gewöhnlich stattfindet, wie wenig man auf gute
«Assistenz rechnen darf, — so ist dieser Zeitverlust gewiss höher
«anzuschlagen als im Laboratorium, wo die Zeit in unserer Hand.
«Wie leicht könnte sonst ein «zu spät» alle Mittel, um ein Men-
«schenleben zu retten, als überflüssig erscheinen lassen!»

An einer anderen Stelle führt *Rautenberg* (L. c.) an, wie aus den
Versuchen *Panum's* [1]), die er bei verblutenden Hunden, welche
er durch defibrinirtes Lammblut belebte und die bald nach den
Versuchen unter Erscheinungen von Blutzersetzung[2]) starben, schla-

---

[1]) *Panum*. Experimentelle Untersuchungen zur Physiologie und Pathologie der Embolie, Transfusion und Blutmenge. Berlin 1864.

[2]) Aehnliche Resultate erzielte auch Dr. *Sutugin*. Dissertation (russisch). St Petersburg 1865.

gend hervorgehe, «1) dass defibrinirtes Blut bei Verschiedenartig-
«keit der Thiere ebenso schlecht wirkt, wie venöses; 2) dass defi-
«brinirtes Blut durchaus nicht dem arteriellen gleichzustellen ist, wie
«es von *Eulenburg* und *Landois*[1]) geschieht, sondern sich in seiner
«Wirkung dem venösen Blut durchaus analog verhält.»

«Schon a priori, fährt *Rautenberg* fort, muss eine solche Gleich-
«stellung des gequirlten Blutes mit arteriellem als Ueberschätzung
«erscheinen, denn, wenn wir auch dem venösen Blut durch Quirlen
«den Faserstoff und einen Theil seiner Kohlensäure entziehen, und
«ihm dafür Sauerstoff aus der Luft zuführen, so sind wir doch
«den stricten Beweis schuldig geblieben, *dass wir dadurch wirk-*
«*lich in allen Stücken dem Oxydationsprocess in den Lungen nach-*
«*geahmt haben, und ob wir die dem venösen Blut anhaftenden aus*
«*den verbrannten Körpertheilen stammenden Schlacken, welche seine*
«*Eigenschaften bedinge t und wahrscheinlich nur durch den Oxyda-*
«*tionsprocess in den Lungen zerstört werden, auch durch Quirlen*
«*zerstören können. Das defibrinirte Blut bedarf daher ebenso wie ve-*
«*nöses einer nochmaligen Bearbeitung in den Lungen eines athmenden*
«*Thieres, um als wirkliches arterielles Blut zu den Athmungscentra*
«*zu gelangen und dieselben zu erregen. Wird es nicht in den Lungen*
«*zu arteriellem Blut verarbeitet und gelangt in den arteriellen Blut-*
«*strom, so wirkt es ebenso wie venöses*. Die Schlüsse *Eulenburg*'s und
«*Landois*', dass durch Schlagen arterialisirtes und defibrinirtes Blut
«selbst dann noch vermöge seines Sauerstoffgehaltes im Stande ist,
«die Athmungscentra anzuregen, wenn venöses aufgehört hat, diese
«Wirkung zu entfalten, unterliegt daher grossem Zweifel. Die Erre-
«gung des Athmens durch Einspritzung von Blut, ob venöses oder
«defibrinirt-arterialisirtes, in ein Thier, das seit 10 bis 64 Secunden
«aufgehört hat zu athmen, lässt sich nur dadurch erklären, dass
«das eingespritzte Blut die Herzthätigkeit anregt und es zwingt
«die noch im Körper vorhandenen Ueberbleibsel von arteriellem Blut,
«bevor es coagulirt, in Bewegung zu setzen und den Nervencentra
«zuzuführen, wo dieses Ueberbleibsel vielleicht nur *einen* Athemzug
«bewirkt. Dieser ist aber genügend, um einen Theil des in den
«Lungen stauenden, eingespritzten Blutes zu oxydiren und als arte-
«rielles dem Gehirn zuzuführen, wo es neue, kräftigere Athemzüge
«hervorruft und allmälig den Athmungsprocess in Gang bringt. Ist
«diese Erklärung richtig, so scheint es mir zur Erregung des Ath-

---

[1]) *A. Eulenburg* und *L. Landois*, die Transfusion des Blutes. Berlin 1866.

«mens ganz irrelevant zu sein, ob wir ganzes oder defibrinirtes Blut
«einspritzen; das eingespritzte venöse wird nie durch die Lunge
«zu den Nervencentra gelangen, bevor die Lunge nicht, durch das
«arterielle Blut angeregt, das eingespritzte Blut in arterielles ver-
«wandelt hat: In Bezug auf den mindern Kohlensäure- und grössern
«Sauerstoffgehalt hat daher, glaube ich, das defibrinirte Blut keine
«besondern Vorzüge vor dem venösen. Die Schädlichkeit des Koh-
«lensäuregehaltes des letztern zeigt sich, wie aus den Versuchen
«*Bischoff's* und *Brown-Sequard's* hervorgeht, nur in Bezug auf ver-
«schiedenartige Thiere, in Bezug auf Thiere derselben Art hat
«künstlich mit Kohlensäure geschwängertes Blut einen giftigen Ein-
«fluss, natürliches venöses Blut nur dann, wenn es (was jedenfalls
«zu vermeiden ist) schnell eingespritzt und den Lungen keine Zeit
«gelassen wird, dasselbe zu verarbeiten. Uebrigens habe ich in zwei
«Belebungsversuchen durch Transfusion ganzen venösen Blutes ab-
«sichtlich sehr schnell, mit grosser Kraft das venöse, schwarze Blut
«eingespritzt, während das Athmen des Thieres nur noch schwach
«angeregt war. und habe dabei keine schädliche Einwirkung be-
«merkt, die Thiere wurden nicht einmal dyspnoëtisch.

«Alles dieses scheint mir zu beweisen, dass in Bezug auf den
«künstlich verminderten Kohlensäure- und grössern Sauerstoffgehalt
«das defibrinirte Blut keine wesentlichen Vorzüge vor dem venösen
«in toto darbietet.»

In Betreff der Gefahr der Coagulation bei der Transfusion
ganzen Blutes und besonders der Gefahr der Thrombuse bemerkt
Rautenberg (L. c.). «dass dieselbe, wie die Erfahrung und Praxis
«lehren, bei weitem überschätzt würde, denn 1) lässt sich meistens
«die Transfusion in kürzerer Zeit ausführen, als die Gerinnung ein-
«tritt, und 2) können, wenn wirklich Gerinnung des Blutes im Ap-
«parate eintritt, Gerinnsel von genügender Grösse, um gefährliche
«Erscheinungen der Embolie hervorzurufen, unmöglich durch die
«Oeffnung der Canüle in den Kreislauf gelangen, sondern müssen
«die Canüle verstopfen.»

Mittler (L. c.) verwirft nun ganz entschieden das Defibriniren.
Derselbe kam nach einer Menge von Transfusionsversuchen an
Thieren zu dem Schlusse, dass zwischen Thieren **gleicher**
Gattung nahezu die ganze Blutmenge **in toto** unschädlich ausge-
tauscht werden kann, bei der Infusion **defibrinirten** Blutes aber ist
ihm ein Austausch in so grossem Umfange und mit so gutem Er-

folge niemals gelungen. Er weist auch darauf hin, dass man bei der Infusion defibrinirten Blutes stets vorher eine entsprechende Depletion vornehmen müsse, diese Vorsichtsmaassregel sei bei der Transfusion ganzen Blutes sogar überflüssig. Auch führt *Mittler* (L. c.) an, dass in neuester Zeit *Rud. Demme*[1]) und *Mader*[2]) profuse Blutungen aus dem Darm, dem Uterus, der Scheide, *Mader* sogar Stauungserscheinungen in der rechten Herzkammer nach geringer Infusion defibrinirten, gesunden Menschenblutes in den Menschen beobachtet haben. Er kommt aus seinen Thierversuchen zu zwei Hauptschlüssen: 1) Das direkt transfundirte Blut wird vom empfangenden Thiere **gleicher** Gattung besser ertragen, als das defibrinirt injicirte Blut. 2) Das direkt transfundirte Blut einer **fremden** Gattung wird gleichfalls besser und in grösserer Menge ertragen, als das gequirlt eingespritzte.

Da ich die gesammten Experimente *Mittler's* wiederholt habe, so bestätige ich im vollsten Umfange seine Angaben. (Siehe später.)

Nach solchen klaren, treffenden und wuchtigen Argumenten gegen die Defibrination sollte man erwarten, dass das defibrinirte Blut nicht mehr so angelegentlich zur Transfusion empfohlen würde, doch nichtsdestoweniger wird es immer noch angepriesen, weil hie und da eine Transfusion damit gelungen.

Wer unpartheiisch die Gründe, die die Anhänger der Defibrination geltend machen, prüft, wird zugestehen, dass alle ihre Gründe die wissenschaftliche Wahrheit *nicht* haben. Nackte Aussprüche, wie etwa: «der Faserstoff ist nur ein unwesentlicher Bestandtheil des Blutes» (v. *Belina-Swiontkowski*,[3] pag. 130) beweisen eben Nichts, wenn sie auch mit Ueberzeugung gepredigt werden.

Einige Doctoranden schwören wohl, ohne die gehaltvollen physiologischen Arbeiten über die Wichtigkeit des Fibrins von *Al. Schmidt*[4]) begriffen zu haben, in ihren Dissertationen auf solche mit scheinbar physiologischer Wahrheit bekleidete Raisonnements; aber die Mehrzahl der Aerzte huldigt nicht dieser «praktischen Blutverbesserung», weil dieselben der gewiss richtigen Ansicht sind, dass man nicht gesundes frisches Menschenblut durch Kün-

---

[1]) Jahrbuch für Kinderheilkunde. Neue Folge I. Jahrgang. II Heft, pag. 190.
[2]) Wochenblatt der Gesellschaft der Aerzte in Wien 1868.
[3]) *L. von Belina-Swiontkowski*. Die Transfusion des Blutes. Heidelberg 1869.
[4]) *Al. Schmidt*. Im Archiv für Anatomie und Physiologie 1861, pag. 545. sowie 1862 pag. 428 und 533. sowie Haematologische Studien. Dorpat 1865.

stelei besser, vortheilhafter, naturgemässer, belebender zur Transfusion machen könne; welches Professor *Panum* (L. c., pag. 151) die Dreistigkeit hat, «alten Schlendrian» zu nennen.

Auch der theoretische Vorschlag von *Ssutugin* [1]) in St. Petersburg «man könne defibrinirtes Blut bei 0 Grad unbeschadet aufbewahren, man müsse daher bei manchen Operationen Blut sammeln, um es bei geeigneter Zeit zur Transfusion benutzen zu können», ist hinfällig geworden, denn auf Seite 49 des Berichtes über die Verhandlungen der Königlich-Sächsischen Gesellschaft der Wissenschaften zu Leipzig 1867 I. und II. pag. 52 ist dieser schon früher von *Panum* [2]) gemachte Vorschlag zurückgewiesen, da Versuche zeigten, dass beim Aufbewahren des Blutes in 0 Grad Temperatur, wenn auch langsam, so doch stetig die Blutzersetzung vor sich geht.

Al. Schmidt's genaue Analysen von Hundeblut ergeben, dass nach 2stündigem Aufenthalt des Blutes bei 37.—40° C., 0,36 Sauerstoff verschwand und 2,19 Kohlensäure mehr vorhanden war; nach 4 Stunden verschwand 0,71 Sauerstoff und er fand 3.01 Kohlensäure mehr; dass diese Blutumsetzung bei Gefrier-Temperatur geringer sein muss, ist einleuchtend, aber nichts destoweniger geht sie auch dann vor sich.

Panum hat bei einem Hunde (nach vorausgegangener Depletion) zu verschiedenen Zeiten zwei Mal Blut, das er 24 Stunden auf Eis aufbewahrt hatte, defibrinirt injicirt, ohne dass dem Hunde daraus ein Schaden erwachsen ist. Das beweist aber weiter Nichts, als dass auf Eis 24 Stunden aufbewahrtes Blut zur Transfusion manchmal unschädlich benutzt werden kann, nicht aber, ob es auch im Stande wäre, ein durch Blutverlust so eben fast erloschenes Leben nachhaltig zum Leben zurückzurufen, noch entkräftet es in irgend einer Beziehung die Angaben *Al. Schmidt's*. Selbst in dem Falle, dass man mit einem derartig aufbewahrten Blute noch nach 24 Stunden ein fast erloschenes Leben nachhaltig retten könnte, würde es nur zeigen, dass noch nicht sämmtlicher Sauerstoff entschwunden ist, also auch noch «vegetatives Leben» vorhanden

---

[1]) *Сутугинъ:* О переливаніи крови. St. Petersburg 1865.
[2]) *P. L. Panum.* Experimentelle Untersuchungen zu Physiologie und Pathologie der Embolie, Transfusion und Blutmenge. Berlin 1864.

wäre, und nur beweisen, dass die Dauer dieses «vegetativen Lebens» von mir als eine zu kurze angenommen worden ist.

Auch sind *Panum* und *Ssutugin* auf die Angabe *Rollet*'s [1]) aufmerksam zu machen, der nach Versuchen angiebt, dass *niedere Temperatur* bei genügend langer Einwirkung eine *vollständige Auflösung der Blutkörperchen bewirkt. Das Blut geht in Folge dessen in eine dunkel lackfarbene undurchsichtige Flüssigkeit über.*

Ausgehend nun von der gewiss richtigen Anschauung, dass Blut sehr **schwer** häufig sogar **unmöglich** zu erlangen sei, weil jedes gesunde Individuum mehr oder minder den Aderlass fürchtet, derselbe auch durchaus nicht **ungefährlich** ist, dass aus diesen Gründen die Transfusion schwerlich allgemeinen Eingang finden kann, hat *Scanzoni* mit seinem nachfolgenden angefeindeten Ausspruche völlig recht: «Die Transfusion dürfte nur ein brillantes Schaustück auf Kliniken bleiben, eine allgemeine Verbreitung blüht ihr nie.»

Ich glaubte nun, mit meinem «Capillarblut-Transfusor» diesen Ausspruch *Scanzoni*'s widerlegen zu können, bin aber in der Lage, erklären zu müssen, dass die von mir herrührende Idee, menschliches Capillarblut, das heller und sauerstoffreicher, also kräftiger, als das Venenblut ist, aus weiter unten näher zu erörternden Gründen man leider nicht praktisch zur Transfusion in Menschen verwenden kann.

Ich beschreibe eben genannten, von mir erfundenen Apparat in Nachfolgendem detaillirt, da ich es für eine unumgängliche Pflicht halte, nachzuweisen, dass erwähnter Vorschlag trotz aller Technik unhaltbar ist, um so den vielen Berufsgenossen, die sich so warm dafür interessirten, was die vielen Kritiken, Referate, schriftliche und mündliche Anfragen mir beweisen, und durch mein Schweigen vielleicht bewogen werden könnten, Zeit und Mühe für diesen so verlockenden und einleuchtenden Gedanken in Versuchen und Verbesserungen meines ersten Apparates zu opfern, von solchem Vorhaben, ohne Kenntniss meiner jetzigen Erfahrungen, zurückhalten zu können.

Ich hatte ausserdem in meiner schon citirten kleinen Schrift ungefähr noch Folgendes hingestellt:

---

[1]) *Wundt, Wilhelm.* Lehrbuch der Physiologie des Menschen. Erlangen 1868, pag. 248.

1) Gutes taugliches Menschenblut muss gefahrlos, leicht und immer zur Transfusion zu haben sein.

2) Das nur durch den widerwillig erlaubten, nicht ungefährlichen Aderlass zu erhaltene Venenblut sei ein verbrauchtes (verbranntes) Blut, daher zu sauerstoffarmen, aus welchem Grunde es zu Transfusionen bei Erstickten häufig unwirksam bleibt.

3) Das Desiderat zur Transfusion, das menschliche Arterienblut sei nur durch eine sehr gefährliche Operation zu erhalten, daher unerlaubt.

4) Capillarblut halte die Mittelstrasse zwischen Arterien- und Venenblut; es sei heller und sauerstoffreicher als das Venenblut, daher zur Transfusion geeigneter, als das verbrannte Venenblut.

5) Die Erlangung des menschlichen Capillarblutes sei leicht gefahr- und schmerzlos.

6) Durch das energische Eintreiben des Blutes vermittelst einer Spritze sei die Gefahr der Blutüberfüllung des rechten Herzens vorhanden, daher lasse man die Spritze.

7) Die Eintreibung des Blutes müsse langsam und stetig durch das Gesetz der Schwere erfolgen.

8) Gerinnselbildung und Eindringen von Luft müsse unter allen Umständen verhütet werden.

9) Das Defibriniren unterlasse man gänzlich aus schon oben erwähnten Gründen.

Zur Lösung dieser 9 wichtigen Punkte hatte ich einen Apparat, freilich noch etwas complicirt, in beregter Schrift (L. c.) angegeben.

Weitere eingehende Versuche brachten mich nun auf diverse Vereinfachungen, wie nachfolgende Beschreibung ergiebt.

Dieser Apparat von mir «Capillarblut-Transfusor», genannt, besteht aus einem gläsernen Schröpfkopf zur Erlangung des Capillarblutes, und aus einer gläsernen Transfusionsröhre, dem eigentlichen «Transfusor», die an den Schröpfkopf an- und abgeschraubt werden kann.

Der Schröpfkopf ist, wie Fig. I. zeigt, folgendermassen construirt:

Fig. I.

Innerhalb des gläsernen, unten offenen, 5 Zoll im Durchmesser haltenden Schröpfkopfes befindet sich luftdicht unter der metallenen Hülse d, an der Stange e, um welche innerhalb des Schröpfkopfes die Spiralfeder c läuft, der Schröpfschnäpper, bestehend aus 19, ein Drittel Zoll langen, einander gegenüber stehenden Messern. Seitwärts links geht aus dem Schröpfkopfe ein kleiner Glastubus f, in welchem mittelst eines kurzen, starken Gummischlauches die einstiefliche Luftpumpe h i sich befindet. Rechts seitwärts befindet sich am Schröpfkopfe ein weiter offener Tubus g mit einer metallenen Hülle.

Um den Schröpfkopf befand sich beim älteren in meiner früheren Arbeit beschriebenen Apparat, wie Fig. II zeigt, ein Gummimantel k, in welchem bei der verschliessbaren Oeffnung l warmes Wasser von 30° R. gegossen wurde. Neuere Versuche zeigten mir jedoch, dass dieser Mantel überflüssig sei, da der Schröpfkopf hinlänglich durch den menschlichen Körper erwärmt wird, sowie, dass das zu entnehmende Capillarblut fast garnicht mit dem Schröpfkopf in Berührung kommt, sondern sofort in die angeschraubte perpendiculär nach unten hängende Transfusionsröhre fällt.

Der zweite Theil des Apparates: «die Transfusionsröhre» besteht (Fig. III.)

Fig. III.

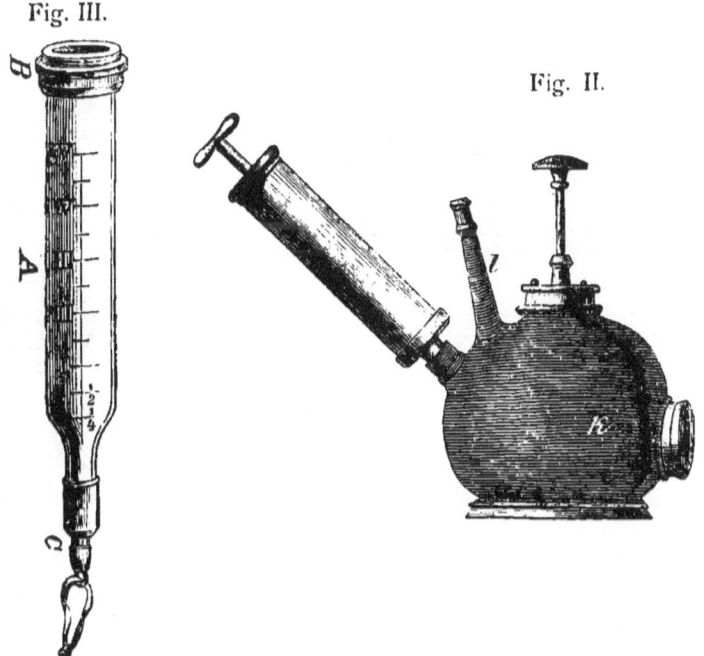

Fig. II.

aus einer spritzenartig zulaufenden starken gläsernen Röhre *A.*, welche Röhre in 5 Unzen, die im Glase eingeschliffen sind, eingetheilt ist. Um die obere grosse Oeffnung dieses Cylinders befindet sich die metallene Hülle *B*, welche am Schröpfkopfe (Figur I) bei *g* angeschraubt wird. Um das untere spritzenartig zulaufende Ende ist eine metallene Hülle, worauf luftdicht aufgeschlossen eine abziehbare, fingerhutartige, geschlossene Hülse *C* sich befindet.

Diese «Transfusionsröhre» wird umschlossen von einem *gedoppelten* Mantel aus gummirter weisser Seide (Fig. IV.), worin warmes Wasser von 30° R. gegossen wird, um der «Transfusionsröhre» die nöthige Blutwärme mitzutheilen, welcher Mantel jedoch nur die Röhre zu zwei Drittel umschliesst, damit man den Inhalt der Röhre sowie die eingeschliffenen Unzenzeichen sehen kann.

Diese Transfusionsröhre lässt sich nun durch einen metallenen Deckel (Fig. V) *luftdicht* verschliessen.

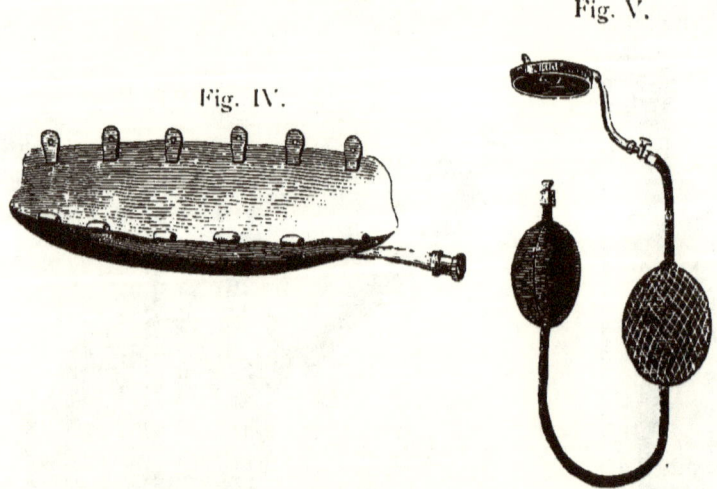

Fig. V.

Fig. IV.

Aus diesem Deckel geht (wie vorstehende Fig. V veranschaulicht) ein metallenes Röhrchen, welches durch einen Metall-Hahn *luftdicht* abgeschlossen werden kann; an dem Ende dieses Röhrchens befindet sich eine Gummi-Druckpumpe, wie man sie an dem *Richardson*'schen gefühlslähmenden Douche-Apparat schon lange hat.

Ist man gezwungen die Transfusion vorzunehmen, so verfährt man wie folgt:

Mittelst des *Richardson*'schen gefühlslähmenden Douche-Apparates (Fig. VI) macht man am Oberarm des zu transfundirenden Individiums *die* Stelle schmerzlos, wo eine der grösseren Venen liegt, legt dann mittelst eines Bistouri durch einen drei Zoll langen Hautschnitt diese Vene bloss.

Da *Mittler* (l. c.) aus seinen klassischen Transfusionsversuchen zu der Thatsache gelangt ist, dass sich die Thiere am besten befanden, wenn die Transfusion so entfernt wie möglich vom Herzen gemacht wurde, so dürfte es empfehlenswerth sein, in eine der grösseren Schenkelvenen zu transfundiren. Der Weg von dort bis zum rechten Herzen ist um $1/3$ länger, als von einer der Oberarm-Venen.

Auch *Uterhart*[1]) empfiehlt möglichst entfernt vom rechten Herzen zu transfundiren und schlägt zu diesem Zweck die Vene des Fusses

Fig. VI.

Fig. VII.

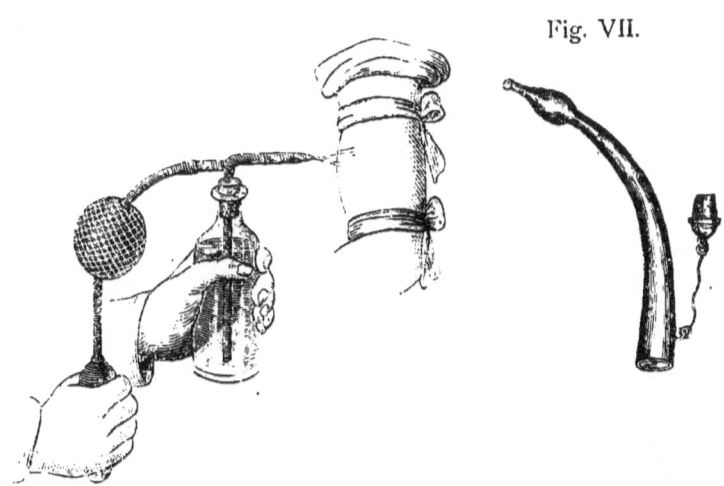

oder Unterschenkels (V. saph int.. extern.. oder deren Aeste) vor, welche in erster Linie zur Ausführung der Transfusion zu empfehlen sind.

Leider heilen die Wunden am Unterschenkel so ungemein schwer, desshalb würde ich für meine Person stets die Saphena des Oberschenkels vorziehen, wenn nicht dieselbe zu sehr durch Fettpolster verdeckt sein sollte.

Man schneide darauf diese Vene mit einer kleinen auf der Fläche gebogenen Scheere quer an, indem man sie mit einer Pincette aufhebt, setzt eine mit destillirtem Wasser gefüllte und verkorkte Canüle, (Fig. VII) deren konisches Ende die Venenöffnung völlig verstopft, in die Vene und lässt die Canüle von einem Assistenten halten.

Ist dies geschehen, so entnimmt man von dem schon entblössten Rücken eines kräftigen Mannes das Capillarblut zur

---

[1]) *C. Uterhart.* Zur Lehre von der Transfusion. Berliner klinische Wochenschrift. 1870 Nr. 4.

Transfusion, indem man (wie Fig. VIII deutlich veranschaulicht) den völlig zusammengestellten «Capillarblut-Transfusor» so auf das Schulterblatt setzt, dass die mit warmem Wasser umspülte Transfusionsröhre perpendiculair nach unten hängt. Irgend Jemand aus der Umgebung macht nun drei, höchstens vier Pumpbewegungen, wodurch schon die Luft derartig aus dem Apparat getrieben wird, dass das Fleisch des Schulterblattes faustartig, straff und so peinlich spannend in den Schröpfkopf schwillt, dass dem humanen Blutgeber sogar Schmerzenslaute ausgepresst werden. Jetzt schnellt man mit einem kräftigen Schlage den gefederten Schröpfschnäpper mit seinen 19 Messern in dieses straffe aufgewulstete Fleisch, welches dem Blutgeber, dem lästigen Spannen gegenüber eine angenehme Erleichterung verursacht. Sofort spritzt nun nicht nur das Capillarblut als solches, sondern auch das Blut der kleinen tiefer liegenden Gefässe; welches Blut sofort ohne Aufenthalt in die Transfusionsröhre fällt.

In kürzester Zeit ist dieselbe gefüllt.

Diese Röhre wird dann vom Schröpfkopf abgeschraubt und

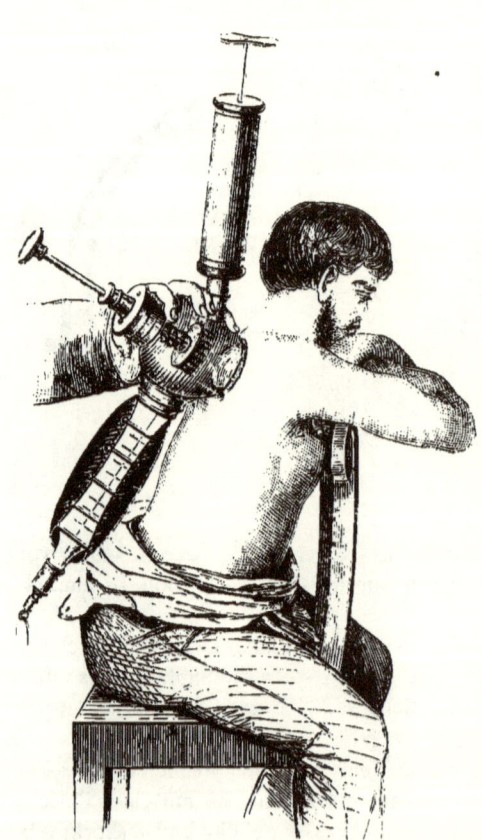

Fig. VIII.

sofort der in Fig. V abgebildete Deckel mit der angehängten Gummi-Druck-Pumpe (weil mit geschlossenem Hahn und geschlossener Drehklappe) luftdicht aufgeschoben.

Man ist also nun im Besitz einer mit Capillarblut gefüllten von beiden Seiten luftdicht geschlossenen Röhre.

Darauf zieht man die untere, fingerhutartige, aufgeschliffene Hülse (Fig. III, C.) ab; aus der nun unten offenen Röhre kann trotzdem das Capillar-Blut nicht ausfliessen, weil der Luftdruck von oben wegen des luftdicht aufgesetzten Deckels fehlt. (Die bekannte physikalische Geschichte des Stechheber.);

Jetzt setzt man diese Röhre auf die vom Assistenten im Venenrohr gehaltene mit Wasser gefüllte Canüle, hebt den Arm resp. das Bein des zu Transfundirenden etwas auf, öffnet nicht nur den Hahn, sondern auch die kleine Drehklappe des Deckels und langsam und stetig fliesst das Blut durch seine eigne Schwere und durch seine hydrostatische Druckhöhe in die Vene dem Herzen zu. Wenn aber die Widerstände in den Venen durch irgend eine Veranlassung sehr gross werden und das Blut nicht in den Körper eintreten lassen, dann, aber auch *nur* dann, drückt man die elastische Gummi-Druck-Pumpe, wodurch bekanntlich, zumal noch wenn man die Drehklappe völlig schliesst, in dem Raum oberhalb des Blutes Luft eingepumpt wird, welche, wie im Windkessel, auf die Blutmasse wirkt und dieselbe mit jedem beliebigen Druck gleichförmig in die Vene treibt.

Der offene zu ²⁄₃ die Transfusionsröhre bedeckende Mantel erlaubt, dass man zu jeder Secunde genau weiss, eine wie grosse Masse des Blutes schon in die Vene eingeströmt, und durch den Hahn und durch Schliessung der Drehklappe ist man im Stande, augenblicklich das Einströmen des Blutes zu sistiren, ohne das man nöthig hätte, den Apparat aus der Canüle ziehen zu müssen.

Hat man hinreichend Blut transfundirt, so verbindet man die Wunde wie nach einem gewöhnlichen Aderlass, widmet ihr in den nächsten Stunden und Tagen die grösste Aufmerksamkeit und bedeckt sie bei der geringsten Entzündungserscheinung mit Bleiwasser, Eis oder Schnee.

Aus Vorstehendem, glaube ich, kann man ersehen, dass theoretisch der Capillarblut-Transfusor tadellos ist, leider ist dem in praxi nicht so.

Der Capillarblut-Transfusor ist in der That für die Praxis unbrauchbar, zwar nur aus einem einzigen, aber leider dem wichtigsten nicht abzuändernden Grunde.

Nach meinen Versuchen nämlich an kräftigen jungen Männern ergab es sich, dass durchschnittlich nur aus einem von ungefähr zehn hinreichend schnell und genug Capillarblut (4 Unzen) zu erhalten war. Die übrigen gaben nur etwa bis 2 Unzen, ja, wenn das Fettpolster sehr stark entwickelt war, trat das Capillarblut sehr langsam aus den Schröpfwunden und es machten dann sich selbstverständlich sehr leicht und schnell die ersten Zeichen der Gerinnung bemerklich.

Schon *Nasse* hat über die Gerinnbarkeitdes Blutes (in offenen Gefässen) interessante Mittheilungen gemacht. Bei 20 ziemlich gesunden, höchstens an Plethora oder Congestionen leidenden oder prophylactisch zu Ader gelassenen Menschen, und zwar bei ebenso viel Männern als Frauen, beobachtete er die Gerinnung des Blutes. Die ersten leisen Zeichen der Gerinnung traten frühestens $1^{3}/_{4}$ Minuten, und spätestens 5, höchstens 6 Minuten nach dem Aderlass ein. Im Mittel bei Männern 3 Minuten 45 Secunden; im Mittel bei Frauen 2 Minuten 50 Secunden.

Da es nun ganz unmöglich ist vor beabsichtigter Transfusion einem Menschen ansehen zu können, ob er hinreichend und schnell genug Blut durch den Schröpf-Apparat geben wird, so ist aus diesem einen nicht abzuändernden Grunde mein Vorschlag «Capillarblut zur Transfusion zn verwenden,» wenn auch nicht für die Wissenschaft zu physiologischen Versuchen, so doch für die Praxis unhaltbar.

In meiner citirten Schrift über Transfusion (l. c.) hatte ich angegeben, dass bei dem ersten Versuch mit dem Apparat in weniger als einer Minute die «*Röhre*» mit Capillarblut gefüllt, dass bei dem kräftigen Soldaten sogar noch eine längere überreichliche Nachblutung aus den Schröpfwunden war, die ich schliesslich durch Ferrum sesquichloratum stillen musste, sowie, dass sich das Blut in der Transfusions-Röhre längere Zeit ungeronnen erhielt; — der Mann war, wie sich später herausstellte, ein Haemophiliker, also ein «Bluter» und daher die Fehlschlüsse mit allen Consequenzen.

Wenn nun auch diese Idee «Capillarblut» zu verwenden, fallen gelassen werden muss, so ist damit noch nicht der ganze Apparat für die Transfusion unbrauchbar.

Im Gegentheil, ich glaube überzeugen zu können, dass

die Transfusions-Röhre für sich allein ohne die Schröpfvorrichtung nicht nur der brauchbarste, sondern auch der einfachste,

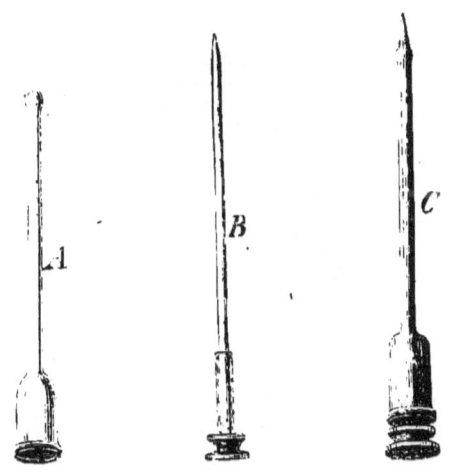

A. die Canüle. B. das Stilett. C. die geschlossene Canüle.

sicherste und bequemste von allen bis zum heutigen Tage angegebenen Transfusions-Apparaten und Spritzen ist.

Nach dem man also, wie vorhin schon angegeben, der zu transfundirenden Person mit zur Hülfenahme des *Richardson*'schen gefühlslähmenden Douche-Apparates durch einen Hautschnitt die mit einer Pincette aufgehobenen Vene, wohinein die Transfusion gemacht werden soll, schmerzlos bloss gelegt hat, und daselbst eine mit Wasser gefüllte Canüle, welche vom Assisten gehalten wird, hineingebracht, mache man bei der blutgebenden Person durch ein um den Oberarm gelegtes Tourniquet irgend eine der grösseren Armvenen prall, bewirke ebenfalls durch die *Richardson*'sche Douche, dass *die* Stelle, wo die Vene am sichtbarsten ist, schmerzlos wird, lege ebenfalls durch einen Längsschnitt diese Vene bloss, stosse die schon von *Eulenburg* und *Landois* angegebene Stilett-Canüle (Fig. IX) in diese pralle Vene, lasse von Jemandem das Tourniquet öffnen, ziehe das Stilett aus der Canüle, welche letztere dann im Venenrohr liegen bleibt, und fange mit meiner Transfusions-Röhre, welche von dem mit warmem Wasser gefüllten gummirten Seidenmantel umgeben ist, das aus der Canüle strömende Venenblut auf, wie dies Fig X zeigt.

Fig. X.

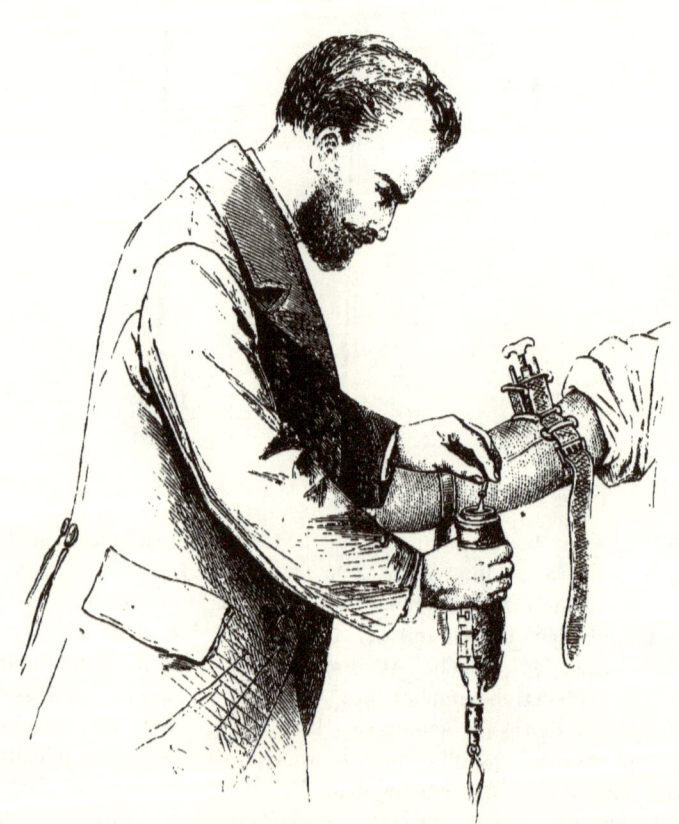

In wenigen Secunden ist dieselbe gefüllt. Darauf setzt man sofort den vorhin schon beschriebenen Deckel mit angehängter Gummi-Druck-Pumpe, Hahn und Drehklappe, selbstverständlich geschlossen, luftdicht auf diesen mit Venenblut gefüllten Transfusor.

Es wird dann der Transfusor wie Fig. XII veranschaulicht beschaffen sein.

Da einige Autoritäten der Transfusion glauben, dass man nicht in die Vene eine mit Wasser gefüllte Canüle bringen solle,

Fig. XII.

Fig. XI.

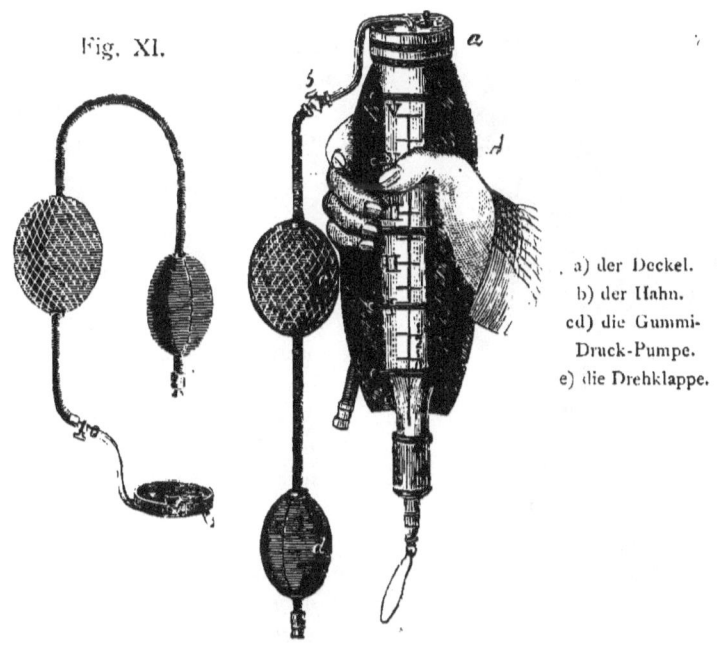

a) der Deckel.
b) der Hahn.
cd) die Gummi-Druck-Pumpe.
e) die Drehklappe.

sondern man müsse, nachdem der Apparat voll Blut sei, denselben mit sammt der Canüle zu gleicher Zeit in die Vene bringen, so steht solchem, nach meinem Dafürhalten öfters im Stich lassenden Vorhaben bei diesem Apparate Nichts im Wege, wie Fig. XIII zeigt.

Das weitere Verfahren ist vorhin schon genau beschrieben.

Es dürfte nun wohl nicht bestritten werden können, dass der ›Transfusor‹ (selbstverständlich ohne die Schröpfvorrichtung) ein gutes Instrument ist.

Kurz recapitulirt bestehen die Vorzüge des Transfusor in Folgendem:

1) Das Blut erkaltet nicht während der Operation.
2) Die Gerinnung tritt nicht während der Dauer der Transfusion ein.

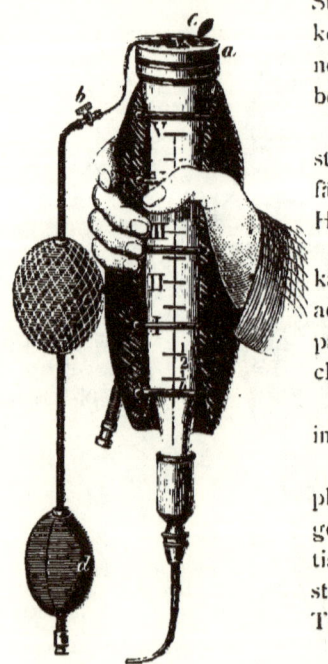

Fig. XIII.

3) Das Blut wird nicht durch Stempeldruck übergetrieben, daher keine gewaltthätige Zerrung der Venenwände; also Phlebitis schwer zu befürchten.

4) Das Blut tritt langsam und stetig in die Vene, daher keine gefährliche Überfüllung des rechten Herzens.

5) Das Ausfliessen des Blutes kann nicht nur nicht genau beobachtet, sondern auch ohne den Apparat aus der Vene ziehen zu brauchen, sofort sistirt werden.

6) Gerinnsel- sowie Luft-Eintritt in die Vene ist nicht zu befürchten.

7) Der Transfusor ist nicht complicirt, sehr handlich, leicht zu reinigen, billig, sowie überhaupt praktischer, als jeder bis dahin construirte Transfusions-Apparat oder Transfusions-Spritze.

Die vorhin (Fig. VII) abgebildete silberne Canüle habe ich, der Form nach, von Nussbaum[1]) entlehnt.

Nach meinen zahlreichen Versuchen an Thieren verstopft in der That das konische Ende dieser Canüle völlig die kleine Venenwunde.

Nussbaum hat dieselbe aus Gummi und Silber anfertigen lassen: Nussbaum scheint aber auf die Thatsache nicht geachtet zu haben, dass Gummi ungemein Vorschub der Gerinnselbildung leistet und, dass sich hinter den Übergängen vom Silber zum Gummi, trotz Reinigung, doch stets nach jeder Transfusion Blut-Atome fest-

---

Vier chirurgische Briefe etc. vom Professor Dr. Nussbaum. München 1866.

setzen, welche hier verwesen und das Blut bei einer nachfolgenden Transfusion inficiren können.

Fig. XIV.

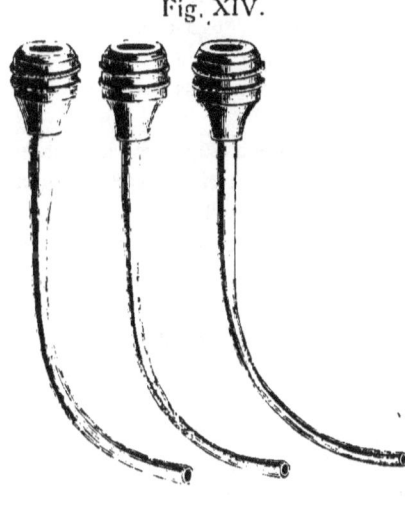

Der um die Transfusionsfrage so verdienstvolle, hier schon mehrfach erwähnte *Rautenberg* (l. c.) hat drei Canülen von verschiedenem Caliber construirt, gegen welche wohl kaum etwas einzuwenden ist. Ich gebe in Fig. XIV die Form dieser Canülen.

In einer neueren Publication bemerkt *Rautenberg*[1]) in Betreff des von Einigen verlangten Einbindens der Canüle im Venenrohr sehr richtig und scharfsinnig wörtlich:

«Das Einbinden der Canüle in die Vene, um sie besser zu «handhaben und um Blutverlust zu vermeiden erscheint mir überflüssig «und gefährlich, da ein solches Verfahren das Gefäss einen starken «Reiz aussetzt und die Entstehung einer Phlebitis Vorschub lei-«stet. Eine Blutung aus der Vene wird am Besten durch einen Verband unterhalb der Wunde verhindert.

«Nur bei sehr fettreichen Armen, wo die Vene in der Tiefe schwer «zu handhaben, würde sich das Abpräpariren derselben von der Um-«gebung, das Durchführen einer doppelten Ligatur nützlich erweisen.»

An einer anderen Stelle sagt *Rautenberg*:

«Ich rathe Jedem, der einmal in die Lage kommen sollte, die «mittelbare Transfusion mit ganzem Blute auszuführen, zuerst die mit «Wasser gefüllte Canüle in die Vene einzuführen, von einem «Assistenten halten zu lassen und erst dann zum Aderlass zu schrei-«ten».

In Betreff des Vorschlages Luftcompressionsdruck anstatt des

---

[1]) *Rautenberg, J.* Zwei Fälle von Transfusion undefibrinirten Blutes bei Blutungen Neuentbundener. Monatsschrift für Geburtskunde. 2. Heft. 34. Band. Berlin 1869.

Stempel-Druckes zum Austreiben des Blutes anzuwenden, ist zu bemerken, dass nicht etwa *Helmholtz* als der erste darauf aufmerksam gemacht hat, wie man aus *Belina -Swioutkowski's* (l. c.) Angaben zu schliessen berechtigt ist, sondern es ist die Idee des genialen Engländer *Richardson*, der schon seit einer Reihe von Jahren seinen Transfusionsapparat mit Luftcompressionsdruck veröffentlicht hatte.

Neuerdings hat *Bresgen*[3]) unter den Namen «Lanzennadelspritze» einen Apparat angegeben, den er, ausser zu vielen anderen Operationen auch zur Transfusion benutzt wissen will.

Ich gestehe offen, dass ich diese Spritze, die zugleich Druck- und Saug-Pumpe ist, wegen ihrer geistreichen Construction bewundere; dass jedoch diese «Lanzennadelspritze» als Pumpe zur subcutanen Venaesection, wobei jeder Nebenverletzung und Verlegung der Venenstichöffnung vorgebeugt würde, sowie als Spritze zur Infusion und Transfusion (indem eine mehrere Zoll lange, feine, hohle «Lanzennadel» dieser Spritze angeschraubt wird), *subcutan* praktisch benutzt werden könne, bestreite ich, denn Jeder, der versucht hat, vermittelst eines länglichen dünnen Stiletts *subcutan* eine Vene anzustechen, wird wissen, dass das höchst selten gelingt, weil die Vene fast immer ausweicht und wenn man wirklich so glücklich ist die Vene *subcutan* zu treffen, so durchsticht man diesselbe gewöhnlich auch gänzlich.

Dass man aber nun mit dieser Lanzennadelspritze, nachdem man die Vene durch einen Hautschnitt freigelegt und eine Canüle in das Rohr der Vene gebracht die Infusion sowohl, als auch die Transfusion machen kann, unterliegt keinem Zweifel, ob aber ganz gefahrlos sehr grossen.

Ich hatte bei meinem ersten in der früheren Brochüre (l. c.) abgebildeten Transfusions-Apparat ebenfalls an der «Transfusions-Röhre» zwei Hähne, nicht etwa Metall-Hähne, sondern genau eingeschliffene Glashähne, durch welche das Blut laufen musste, angebracht, musste aber die Erfahrung machen, dass sich regelmässig im Innern zwischen den Uebergängen der Hähne zur Röhre hin kleine schmierige Blutgerinnselchen bildeten; freilich ist diese Ge-

---

[1]) *Alexander Bresgen*. Die Lanzennadelspritze zur Punction und Transfusion, beim Scheintod und in der Laryngoscopie — Köln und Leipzig 1870. 15 Seiten.

rinnselbildung bei defibrinirtem Blute, und solches will *Bresgen* nur angewendet wissen, nicht eben so schnell zu erwarten, wie bei ganzem Blute, aber nichts destoweniger ist diese Eventualität auch beim defibrinirten Blute vorhanden; aus eben diesem Grunde gefällt mir der vorgeschlagene Kautschukschlauch zur Ueberpumpung des Blutes aus dem warmgehaltenen Gefässe in die so kleine und enge Spritze nicht, denn nach meinen Erfahrungen befördert Kauschuk am leichtesten die Gerinnung, leichter noch als Metall. Jedoch der Kautschukschlauch liesse sich mit einer anderen passenden Röhre vertauschen; aber leider ist dem Hauptübelstande nicht abzuhelfen, nämlich, da der Rauminhalt dieser «Lanzennadelspritze» sehr klein ist, muss man, nachdem die Spritze beinahe entleert ist, jedesmal den Metall-Hahn zur menschlichen Vene hin abschliessen, um frisches Blut aus dem Becher durch den Kautschukschlauch in die Spritze einpumpen zu können. In Folge dessen bilden sich durch das mehrmalige Schliessen und Öffnen dieses mit Blut ja stets umgebenen, deshalb schmierig und klebrig gewordenen Metall-Hahns, hinter demselben, der Vene zu, stets nicht unbedeutende längliche Gerinnsel, die dann auch bei defibrinirtem Blute) unbeabsichtigt und ungesehen durch stärkeren Stempeldruck unter allen Umständen in die Vene befördert werden müssen um vielleicht noch nach Wochen ihre deletären Einflüsse geltend zu machen.

Ich habe an meinem früheren Apparat, wo Alles, selbst die Hähne, wie schon bemerkt, aus Glas waren und desshalb Alles zu sehen und genau zu beobachten war, diese Erfahrungen im reichsten Maasse gemacht.

Ich glaube, dass ich daher ein Recht, wenn nicht sogar die Pflicht habe, auf solche bedenklichen Übelstände «der Lanzennadelspritze» und anderer Transfusionsapparate, bei denen das Blut durch Metall-Hähne und Gummi-Schläuche passiren muss, zumal noch, wenn derartige Hahne während der Operation mehrere Male geöffnet und geschlossen werden müssen, nachdrücklich und warnend aufmerksam zu machen.

Ebenfalls ist der *Belina*'sche Apparat (l. c.) zur Transfusion gefährlich, weil hier das Blut durch einen, wenn auch kurzen Gummi-Schlauch rinnen muss; dass *Belina* diesen Apparat auch zu histologischen Injectionen benutzt wissen will, ist nichts einzuwenden.

Wohl aber ist gegen die angebliche Neuheit dieses Apparates etwas einzuwenden, weil er mit geringer Abweichung schon 1865 von Professor *W. Braune* in Leipzig (*Langenbeck's* Archiv für klinische Chirurgie, Bd. 6 pag. 648) veröffentlicht ist; welcher Apparat ebenfalls Gummi-Schlauch, Infusions-Troikart und dgl. Übelstände hat, nur hat dieser *Braune*'sche Apparat nicht die ballonförmige Gummi-Druck-Pumpe an der gradirten Glasröhre, indem *Braune* durch den eignen Blutdruck das Blut in das Venensystem eintreten lässt.

Doch auch *Braune* ist nicht der Urheber dieser Idee, denn schon früher hat *Hermann Demme*[1]) «das System der Injection durch eignen Fall der Blutsäule» vorgeschlagen; auch dieser *Demme*'sche Vorschlag kam zu spät, denn schon seit Jahren hatte der Engländer *Whitehouse* einen nach diesem Princip construirten sehr einfachen Apparat veröffentlicht; derselbe ist seit Jahren abgebildet in dem «Chirurgischen Vademecum» von *Robert Druit*.[2])

Doch auch *Whitehouse* war nur ein Nachahmer von *Blundell*; *Blundell* construirte schon 1829 seinen «Gravitator».

Derselbe besteht aus einem Blutfänger, welcher das aus dem Arme der gesunden Person ausfliessende Blut aufnimmt und in eine elastische, mittelst eines Hahnes abzusperrende Röhre leitet und durch einen beweglichen Tragarm an einem Tisch oder Stuhl festgeschraubt werden kann. Aus der elastischen Röhre fliesst das Blut in eine, am unteren Ende angebrachte engere, biegsame, aus reinem Silber anzufertigende Röhre, welche in eine hohle Spitze endigt und mit ein Paar Klammern auf dem Vorderarme der das Blut empfangenden Person befestigt ist. Bei diesem Apparat wird also das Blut durch seine eigne Schwere nach hydraulischen Gesetzen übergeleitet und nicht durch Spritzendruck in das empfangende Gefäss hineingetrieben.

Alle obengenannten Apparate die *nur* das Gesetz der Schwere als treibende Kraft benutzen, sind aber öfters in der Lage die Transfusion nicht durchführen zu können, denn da die Widerstände in den Venen durch irgend eine Veranlassung sehr gross werden können und so den Eintritt des Blutes nicht nur erschweren, sondern auch unmöglich machen, so ist eventuell eine trei-

---

[1]) *Hermann Demme*, Militair-chirurgische Studien, Würzburg 1863 pag. 175.
[2]) Die neue Auflage dieses praktischen Vademecum ist in deutscher Übersetzung bei *Enke* in Erlangen 1867 erschienen, eben daselbst befindet sich auch die Abbild. des Whitehouse'schen Transfusions-Apparates.

bende Kraft sehr nothwendig. Diese Widerstände in den Venen brauchen durchaus nicht Gerinnsel zu sein und sind es auch nicht, wie ich mich durch zahlreiche Versuche an grösseren Thieren überzeugt habe. Es ist mir bis jetzt aber noch nicht gelungen die physiologische Quelle dieses ab und zu auftretenden Widerstandes entdecken zu können.

Auch sämmtliche bis dahin angegebene Spritzen sind zur Transfusion gefährlich.

Von Belina (l. c.) sagt darüber sehr treffend und scharfsinnig:
«Abgesehen von den grossen technischen Schwierigkeiten beim Ausschleifen eines grösseren Spritzenstiefels, ist es auch sehr «schwierig, die aus Metall oder Hartgummi verfertigten Ansatzstücke so dicht mit dem Stiefel zu vereinigen, dass keine Fuge dazwischen bleibt. Beim Gebrauch füllt sich diese Fuge mit Blut, kann nachher nicht gereinigt werden, das Blut zersetzt sich und es «kann bei wiederholten Anwendungen das zu transfundirende Blut inficirt werden. Die meisten aus Lederkappen bestehenden und mit Fett eingeschmierten Embolis sind auch auf die Dauer sehr schwer «rein zu halten. Das Leder saugt immer etwas Blut an, das Fett wird ranzig, vom Rande der Kappe lösen sich kleine Lederpartikelchen ab, und auf diese Weise kann das Blut nur zu leicht verunreinigt werden.

Professor *Martin*, dessen Transfusionsspritze die relativ beste ist, sucht dem vorzubeugen, indem er seine Spritze ganz aus Glas, den Stengel auch gläsern und den Embolus aus — zu jeder Operation frisch angebrachter — Baumwolle zusammenstellte. Diese Spritze kann jedoch nur sehr klein sein, nicht alles Blut kann «aus ihr herausgedrückt werden und sie muss mehrere Mal gefüllt werden und mit den $4^{1}/_{2}''$ langen Troikarröhrchen in Verbindung gebracht werden, wobei, da das Röhrchen mit einem trichterförmigen Aufsatz mit Blut gefüllt bleibt, leicht Luftblasen in die Vene gerathen. Auch wird die Vene beim Hineinschieben und «Herausnehmen der Spritze und Handhaben des Stempels, welches «nicht leicht und gleichförmig zu bewerkstelligen ist, sehr leicht irritirt.

«Die französischen Pumpenapparate mit ihren langen dünnen «elastischen Röhren können noch viel weniger gereinigt werden, «ebenso auch der Ball mit dem bleiernen Gewicht am *Ri*-»*chardson*'schen Apparat. Aus dem letzteren kann man auch nicht alles Blut hineinspritzen, und das Blut von der verengerten Stelle am Becherglase bis zur Ausflussröhre bleibt im Apparate und dies wird wohl über 2 Unzen betragen. Es ist auch unmöglich, das Blut in den langen elastischen Röhren in der nöthigen Temperatur zu erhalten, es kommt meistens aus der Ausflussröhre ganz abgekühlt und wenn es auch defibrinirt, selbst nicht coagulirt (? Verf.), so bringt es das Blut in der Vene zur Gerinnung und ruft Schüttelfröste hervor.»

Bei allen Spritzen kommen auch noch bedenklich die Oeltröpfchen in Betracht, welche sich am Kolben fast jeder Spritze vorfinden, selbstverständlich können dieselben leicht in das Gefässsystem eindringen und capillare Fettembolien erzeugen. (Man siehe die Arbeiten von *Wagner* über Fettembolien. Archiv der Heilkunde Bd. III.)

Wenn nun schliesslich auch die Transfusions-Technik durch meinen «Transfusor» (ohne die Schröpfvorrichtung), bei dem alle Fehler der früheren Transfusions-Apparate glücklich vermieden sind, in jeder und jeglicher Beziehung gefahrlos und erleichtert worden ist, so glaube ich hat dennoch *Scanzoni* mit seinem hier schon einmal citirten Ausspruch immer noch Recht: «*Die Transfusion dürfte nur ein brillantes Schaustück auf Kliniken bleiben, eine allgemeine Verbreitung blüht ihr nie!*» aber lediglich nur desshalb, weil, in unserem blutarmen, nervösen und materiellen Zeitalter so ungemein schwer Menschenblut zu haben ist.

Wenn man nun parteilos und eingehend die ältesten Angaben über die so unschädlich abgelaufenen Transfusionen mit Thierblut im Menschen prüft und dazu die in der Neuzeit von *Bliedung* versuchte und mit Erfolg gekrönte Thierblut-Transfusion in einem erschöpften 83-jährigen Mann vergleicht, so will es mich bedünken, als hätten wir, kritiklos, lediglich auf Autoritätsglauben hin, die Thierblut-Transfusion verworfen.

In nachfolgender Tabelle habe ich sämmtliche Transfusionen mit Thierblut eingehend zusammengestellt.

Eine solche Zusammenstellung fehlte bis dahin; es scheint mir dies der besseren Übersicht der in der Transfusions-Litteratur verzeichneten 19 Thierblut-Transfusionen im Menschen von besonderer Wichtigkeit zu sein.

Tabelle der Transfusionen mit

Nr.	Zeit.	Operateur.	Geschlecht und Alter.	Krankheitszustand und Symptome vor der Operation.
1.	15. Juni 1667.	*Denis.*	Mann 16 Jahre.	Der junge Diener hatte an einem heftigen und hartnäckigen Fieber gelitten, in welchem ihn die Ärzte über 20 Mal zu Ader gelassen hatten. Vor dieser Krankheit war sein Geist und Körper munter und thätig und sein Gedächtniss recht gut: nach derselben aber war sein Geist abgestumpft, sein Gedächtniss schien völlig verloren und er war so träge und schläfrig, dass er zu nichts taugte. *Denis* sah ihn, selbst wenn er sich zu Tische setzte, beim Frühstück und dgl. einschlafen; nach einem Schlaf von fast 12 Stunden konnte man ihn am Morgen kaum aus dem Bette treiben und er brachte den ganzen Tag in äusserster Stumpfheit zu.
2.	Im Juni 1667	*Denis* und *Emmerez.*	Mann 45 Jahr.	Ein robuster Sänftenträger, völlig gesund, fand sich für Geld zur Transfusio. willig.
3.	24. July 1667.	*Denis* und *Emmerez.*	Mann.	Den 24. Juli 1667 gaben 4 Aerzte in Paris einem vornehmen Fremden, den Baron *Bond*, Sohn des Premierministers des Königs von Schweden auf, den sie 3 Wochen hindurch an einem fluxus hepaticus et lientericus mit einer gallichten Diarrhoe und einem heftigen Fieber zu behandeln gehabt hatten. Nach all den vielen Aderlässen an Armen und Füssen und den vielen Abführungen und Clystiren, die den Aerzten nöthig geschienen hatten, wurde er so schwach, dass er sich nicht mehr rühren konnte und ohne Sprache und Besinnung und mit anhaltendem Erbrechen alles dessen was er genoss, dahin lag. Die Aerzte erklärten nunmehr; jetzt sei keine Hülfe mehr da, indem man ihn weder zu Ader lassen, noch durch den

Thierblut beim Menschen.

Menge und Art des Blutes.	Art der Transfusion.	Zustand nach der Operation.	Erfolg.	Quelle.
Nach Depletion von 3 Unzen schwarzen und dicken Blutes transfundirte *Denis* direct 9 Unzen Lammblut aus der Carotis.	Directe Überleitung.	Der Knabe befand sich ausnehmend wohl. Nach 12 Stunden verlor er 3 bis 4 Tropfen Blut aus der Nase. Jegliche Stumpfheit des Geistes und Trägheit des Körpers war nachhaltig verschwunden. Er wurde sichtbar fetter und alle, die seinen vorigen Zustand gekannt, staunten über diese Veränderung.	Vollkommene Genesung.	*Denis*, lettre à Mr. *Montmor* etc. Paris 1667. *C. Gadroys*, lettre à Mr. *l'Abbé Bourdelot*. Paris 1667. *Paul Scheel*, Die Transfusion des Blutes. Copenhagen 1802.
Nach Depletion von 10 Unzen wurde aus der Schenkelarterie eines Lammes 20 Unzen Blut transfundirt.	Directe Überleitung.	Ging lachend sofort in ein Wirtshaus, um mit seinen Cameraden das Geld zu verjubeln. Er blieb vollkommen gesund, behauptete noch stärker geworden zu sein und erbot sich freudig zu einem 2. Versuch.	Vollkommener Erfolg.	Ibidem
6 Unzen Kalbsblut	Directe Überleitung.	Nunmehr trugen *Denis* und *Emmerez* weiter kein Bedenken mehr und sie flössten wirklich am Vormittag des genannten Tages dem Kranken etwas Blut aus einem Kalbe in die Adern. Obgleich derselbe schon in Lethargie mit Convulsionen und einem sehr gesunkenen und schnell kriechenden Pulse (poulx fort enfoncé et fourmillant) dahin lag, so hob sich doch sogleich, wie man ihm ohngefähr 2 Aderlassschälchen (palettes, jede zu 3 Unzen, wie andere Stellen wahrscheinlich machen) beigebracht	Starb.	Ibidem pag. 104

Nr.	Zeit.	Operateur.	Geschlecht und Alter.	Krankheitszustand und Symptome vor der Operation.

Mund, noch durch Clystire etwas beibringen könne. Die Verwandten des Kranken fassten indessen, um nichts unversucht zu lassen, den Entschluss, in der Transfusion die letzte Hülfe zu suchen; sie eilten mit diesem Verlangen zu *Denis* und *Emmerez*. Beide gingen sogleich mit ihnen zu dem Kranken, weigerten sich aber durchaus, als sie seinen verzweifelten Zustand sahen, die Transfusion an ihm vorzunehmen.

Alle ihre Gründe indessen, mit denen sie ihre Weigerung bei den Verwandten des Kranken unterstützten, dass nämlich diese Operation unmöglich die Verderbniss der festen Theile und den wahrscheinlich schon gegenwärtigen kalten Brand heilen könne, halfen ihnen nichts; man kam drei und mehrere Male zu ihnen mit neuen Aufforderungen, und bat sie, doch den Angehörigen des Kranken die Beruhigung zu verschaffen, dass man ihn nicht habe sterben lassen, ohne alles mögliche zu versuchen.

Denis und sein Gehülfe mussten endlich nachgeben, erklärten aber doch vorher, sie würden ohne die bisherigen Aerzte des Kranken nichts vornehmen, und nur in deren Gegenwart und nach einer öffentlichen Erklärung, dass sie den Kranken aufgäben und in die Transfusion willigten, diese Operation anstellen. Der Hausarzt des Kranken, den die Pariser Facultät als einen geschickten und klugen Mann schätzte, legte nun sogleich in Gegenwart mehrerer Standespersonen mündlich und schriftlich für sich und seine vier Collegen das verlangte Zeugniss ab, mit der hinzugefügten Erklärung: die Transfusion werde seiner Meinung nach den Tod des Kranken nicht befördern, da derselbe nur noch 2 Stunden zu leben habe.

| 4. | 19 December 1667. | *Denis* und *Emmerez*. | Mann, 34 Jahre. | *Antoin Mauroy* (de Saint Amant), Kammerdiener im Hause einer vornehmen Dame, ein Mann von 34 Jahren, war vor acht Jahren, wahrscheinlich durch Veranlassung einer unglücklichen Liebe, durch die er ein beträchtliches Glück zu machen hoffte, in einen heftigen Wahnsinn verfallen. Der erste sehr gewaltsame Anfall dauerte ohne Unterbrechung 10 Monate. Endlich kam er wieder zur Vernunft und nun verheirathete man ihn mit einem Mädchen, dem die Verwandten seinen Wahnsinn nur als eine Folge einer heftigen Krankheit vorspiegelten, |

von der kein Rückfall zu befürchten sei. Schon im ersten Jahre seiner Heirath kehrte sein Wahnsinn wieder zurück, verschwand zwar endlich wieder, aber nur um nach einiger Zeit sich von neuem wieder einzustellen. Auf diese Weise kam und verging seine Krankheit die letzten Jahre hindurch abwechselnd, nie aber waren die Anfälle länger als 8 bis 10 Monate. Vergebens wandten die Aerzte ihre Kunst zu seiner Heilung an; einer von ihnen, ein Mann von grossem Rufe, liess ihn 18 Mal zur Ader, liess

Menge und Art des Blutes.	Art der Transfusion.	Zustand nach der Operation.	Erfolg.	Quelle.
		hatten, der Pulsschlag wurde stärker, die Krämpfe hörten auf, der Kranke sah die um ihn Versammelten starr an, und gab		

alle möglichen Beweise eines vollkommenen Bewustseins, indem er vernünftig und in verschiedenen Sprachen mit seinen Freunden sich unterhielt.
Endlich schlief er sanft und ruhig ein. Nach ¾ Stunden erwachte er wieder und nahm an dem übrigen Theil des Tages Mehreres, theils Bouillon, Tisanen und Gelèen zu sich, ohne etwas auszubrechen oder durch den Stuhlgang von sich zu geben, da er doch die 3 vorhergehenden Tage nichts hat bei sich behalten können und während seiner ganzen Krankheit nie von der Lienterie frei gewesen war. Dieser Zustand dauerte 24 Stunden, dann aber fingen seine Kräfte an abzunehmen; sein Puls sank wieder und es traten Ausleerungen des Darmkanals mit der äussersten Ohnmacht ein. Seine Freunde, die am Tage vorher eine so auffallende Besserung nach der Transfusion hatten eintreten sehen, verlangten von *Denis* die Wiederholung derselben. So überzeugt auch *Denis* von der unheilbaren Verderbniss der inneren Theile des Kranken war, so stellte er doch, um sie zu beruhigen, eine ähnliche kleine Transfusion wie am vorigen Tage an. Der Kranke bekam nach derselben wieder einige Kräfte und nahm seine Bouillon gut und ohne Erbrechen zu sich; aber doch hörten die Ausleerungen durch den After nicht auf und gegen Mittag fingen die Kräfte allmählig an zu sinken, bis zu seinem Tode, der um 5 Uhr Abends ohne die geringste Convulsion erfolgte.
Bei der Leichenöffnung fand man eine Ineinanderschiebung des Ileons von oben nach unten, und unterhalb des Knotens, den dieselbe bildete, den ganzen Darmkanal missfarbig, brandig und übelriechend. Das Pancreas war ausserordentlich hart, und die Ausführungsgänge durch die Verhärtung verstopft. Die Milz war 4 Zoll dick, die Leber sehr gross und an mehreren Orten missfarbig; das Herz sehr trocken und wie verbrannt. In den Venen, selbst in der, in welcher man die Transfusion vorgenommen hatte, und in den Herzventrikeln fand man fast gar kein Blut, weil das wenige, was man ihm eingeflösst hatte, wie *Denis* vermuthete, von dem trockenen und heissen Fleische sogleich eingesogen war. Alle diese Umstände wurden durch 12 glaubwürdige Personen, die bei der Leichenöffnung gegenwärtig gewesen waren, und durch den Bericht, den die Aerzte aufsetzten, um ihn den Aeltern des Verstorbenen zu schicken, bekräftigt.

| Nach Depletion von ungefähr 10 Unzen Blut 6 Unzen Kalbsblut aus der Schenkelarterie darauf am folgenden Morgen nach Depletion von 3 Unzen noch 12 Unzen Kalbsblut. | Directe Ueberleitung. | Zwei Stunden darauf ass er zu Abend und brachte die ganze Nacht, einige Augenblicke des Schlummerns abgerechnet, mit Singen, Pfeifen und dergleichen Aeusserungen seines Wahnsinns zu. Den folgenden Morgen fand ihn *Denis* weniger wahnsinnig, wie gewöhnlich; dies machte ihn hoffen, durch eine zweite Transfusion auffallende Besserung be- | Vollkommene Generisung wurde nach 2 Mtn., wahrscheinlich von seiner lüderlichen Frau vergiftet; möglicher Weise starb er auch am Alkoholismus. | *Paul Scheel* (l. c.) pag. 129 (I. Theil.) |

wirken zu können. Es gelang ihm durch Ueberredung den Kranken willig dazu zu machen, und so unternahm man den Tag darauf (Mittwoch) diese Operation von Neuem, in Gegenwart der Doctoren *Bourdelot*, *l'Allier*, *Dodard*, *de Bourges* und *Valliant*. Diesmal liess man in Erwägung, dass der Kranke seinem ausgemagerten Körper und der vorher 3 Monate lang ausgehaltenen Kälte, Schlaflosigkeit und dem Hunger nach zu urtheilen, schwerlich zu blutreich sei, nur 2 bis 3 Unzen Blut vorher aus ihm ab-

Nr.	Zeit.	Operateur.	Geschlecht und Alter.	Krankheitszustand und Symptome vor der Operation.
				ihn 40 Bäder und unzählige Fomentationen und innerliche Arzneien gebrauchen, aber ohne Nutzen. Die Krankheit nahm vielmehr bis zur äussersten Wuth zu und die Abnahme erfolgte nur allmählig

und wenn man ihn mit Arzeneien verschonte. Den letzten Anfall hatte er im September 1667 in einem Dorfe, 12 französische Meilen von Paris. Seine Frau reiste zu ihm, um für ihn Sorge zu tragen, und fand ihn so wüthend, dass sie ihn in Banden legen lassen musste. Dennoch gelang es ihm, seinen Wärtern zu entkommen und in einer finsteren Nacht, nackend, unbemerkt nach Paris zu fliehen, wo er, während seine Frau ihn in der benachbarten Gegend aufsuchen liess, auf den Strassen herum schwärmte, ohne dass jemand ihn im Hause zu behalten wagte, weil er bei denen, die ihn aus Mitleid aufnahmen, alles zerriss, und wo er nur konnte, Feuer anzulegen suchte. So lief er 3 bis 4 Monate hindurch, beinahe nackend und von Schmutz bedeckt, auf den Strassen herum, fast ohne Schlaf zu geniessen und dem Hunger und der Kälte ausgesetzt.

Unter denen, die mit dem traurigen Zustand dieses Menschen Mitleid hatten, war besonders Herr von *Montmort*, der den Entschluss fasste, ihn im Tollhause unterzubringen. Ehe er dies ins Werk setzte, fiel es ihm als Augenzeuge der guten Wirkung der Transfusionen bei *Denis* Versuchen ein, ob man nicht durch ihre Hülfe diesen Unglücklichen wieder zur Vernunft bringen könne.

Er liess nun denselben festsetzen, und schickte zu *Denis*, und *Emmerez*, um ihre Meinung hierüber zu vernehmen. Diese versicherten ihn, für das Leben des Kranken sei diese Operation bei gehöriger Vorsicht nicht gefährlich, ob sie aber im Stande sein werde, ihn zu heilen, dies zu behaupten reiche ihre Erfahrung nicht hin, zu vermuthen sei es indessen, dass das eingeflösste Kalbsblut durch seine grosse Milde und Kühle die Hitze und das Aufkochen des Blutes des Kranken vermeiden und ihn dadurch Erleichterung verschaffen werde.

Auf diese Versicherung liess Herr von *Montmort* den Kranken in ein Privathaus bringen und setzte ihm den Sänftenträger, an den *Denis* vor acht Monaten die oben beschriebene Transfusion gemacht, der folglich mit dieser Operation bekannt war und am besten die Umstehenden und den Kranken von ihrer Gefahrlosigkeit überzeugen konnte, als Wächter.

Montag den 19. December bereitete man auf eine geschickte Weise die Einbildungskraft des Kranken zu dieser Operation vor und unternahm sie endlich gegen 6 Uhr des Nachmittags in Gegenwart mehrerer Standespersonen und einer Anzahl aufgeklärter Aerzte und Chirurgen. *Emmerez* liess den Kranken ohngefähr 10 Unzen Blut aus dem rechten Arm abfliessen, und leitete ohngefähr 5 bis 6 Unzen Blut aus der rechten Schenkelarterie eines Kalbes in ihm über. Mehr ihm mitzutheilen hinderte das gewaltsame Sträuben des Kranken und das Gedränge der vielen Zuschauer; auch machte der Ausruf des Kranken: «er falle in Ohnmacht», dass man die Operation endigte und die Wunde verband. Während der Operation versicherte er, die Länge des Armes herauf bis zur Achselgrube eine grosse Wärme gefühlt zu haben.

Menge und Art des Blutes.	Art der Transfusion.	Zustand nach der Operation.	Erfolg.	Quelle.
		fliessen, und brachte ihn durch die Vene des linken Armes wenigstens 1 Pfund Blut eines Kalbes in die Adern, wie man aus der		

im Kalbe nach der Operation noch rückständigen Blutmenge schloss. Die Wirkungen dieser stärkeren Transfusion waren auffallender, wie die der vorigen, sowie das Blut in die Vene überfloss, fühlte er eben solche Wärme im Arme wie vorher, sein Puls hob sich sogleich, bald darauf brach ein starker Schweis über das ganze Gesicht aus und der Puls fing sogleich an, sehr ungleich zu werden; der Kranke klagte sehr über Schmerz in der Nierengegend, dass ihm übel werde, und dass er im Begriff sei zu ersticken, wenn man ihm nicht Luft mache. Man zog sogleich die Röhre aus der Vene und verband ihn. Während des Verbindens brach eine gute Menge Speck und Fett aus, die er eine halbe Stunde vorher zu sich genommen hatte, fühlte Drang zum Harnen und selbst zum Stuhlgang. Man liess ihn sogleich zu Bette legen, wo er nach einigen Anstrengungen zum Erbrechen von 2 guten Stunden, gegen 10 Uhr einschlief und bis zum folgenden Morgen um 8 Uhr einen ruhigen Schlaf genoss. Beim Erwachen fand man ihn sehr ruhig und vernünftig, er klagte über Schmerz und Müdigkeit in allen Gliedern, und liess ein grosses Glas voll Urin, der so schwarz war, als ob man Russ darunter gemischt hätte. Wie er hörte, dass die Zeit des Weihnachtsjubiläum nahe sei, verlangte er einen Priester, den er kannte, um bei ihm zur Beichte und Abendmahl zu gehen. Dieser kam und fand ihn so vernünftig, dass er ihn zum Empfang derselben vollkommen fähig erklärte. Den übrigen Theil des Tages brachte er mit Schlummern hin, und bat die, welche ihn mit Fragen bestürmten, sie möchten ihn doch in Ruhe lassen. Ohngeachtet dieses Schlafes am Tage, schlief er auch die folgende Nacht hindurch gut. Am Freitag Morgen liess er wieder ein Glas voll von beinahe eben so schwarzen Urin wie den vorigen, und er blutete reichlich aus der Nase, weswegen es die Aerzte für rathsam hielten, ihn 2 oder 3 Schälchen Blut abzulassen. Am Sonnabend wiederholte er seine Bitte zur Beichte und zum Abendmahl gelassen zu werden, welches die gerufenen Geistlichen kein Bedenken trugen ihm zu geben, da sie ihm bei völliger Vernunft fanden. Diesen Tag fing sein Urin an heller zu werden, und nahm auch nach und nach seine natürliche Farbe an.

Seine Frau, die ihn bisher vergebens auf den Dörfern gesucht, erfuhr endlich seinen Aufenthalt und kam zu ihm. Statt wie sonst bei ihrem Anblick in Verwünschungen auszubrechen und sie schlagen zu wollen, empfing er sie freundlich und erzählte ihr sehr gesetzt und ordenlich was mit ihm vorgegangen sei und doch war gerade jetzt Vollmond, wo, wie seine Frau versicherte, sein Wahnsinn immer am heftigsten sei. Alle, die ihn sahen, hielten ihn jetzt für völlig geheilt; indessen bemerkte doch *Denis* bei genauerer Aufmerksamkeit noch dann und wann geringe Spuren von Verstandesverwirrung, die ihn wünschen machte, noch zum dritten Male die Transfusion an diesen Kranken anzustellen. Diese wurde indessen von einem Tage zum andern ausgesetzt und inzwischen besserte sich sein Gemüthszustand so, dass alle seine Bekannte erklärten, er sei völlig so gut beim Verunuft, wie nur irgend zu der Zeit ehe er wahnsinnig wurde, und dass die Aerzte die Transfusion für unnöthig erklärten. *Denis* sah ihn täglich und erhielt von ihm den innigsten Dank für seine Herstellung. Auch beim Herrn von Montmort war er zum Besuch, um seinen Dank abzustatten, auch beim Prinzen von *Condé*, den ersten Parlaments-Präsidenten und den Professoren von der Ecole de Chirurgie muste er auch seinen Besuch abstatten, um die Neugierde dieser Herren zu befriedigen. Kurz seine Besserung war unleugbar.»

Zwei Monate, nach der Transfusion befand er sich völlig wohl.

Die Frau dieses Mannes, die, «theils aus Armuth, theils vermuthlich auch aus Temperament» eben nicht die anständigste Lebensart führte, die während seines Wahnsinns oft ganze Nächte auf den Strassen herumgeschweift, jetzt von ihrem Mann sehr genau gehütet wurde, der ihr oft ihre ausschweifende Lebensart vorhielt, ihr sogar nicht ohne

Nr.	Zeit.	Operateur.	Geschlecht und Alter.	Krankheitszustand und Symptome vor der Operation.
5.	Februar 1668.	*Denis*.	Frau.	Bevor jedoch *Mauroy* (Fall 4) vergiftet wurde, machte *Denis* noch eine Transfusion. Am 10. Februar 1668 rief man ihn zu einer paralytischen Frau, bei der die «Paralyse» nach einem Schlagfluss zurückgeblieben war. Die ganze rechte Hälfte des Körpers vom Kopf bis zu den Füssen war durchaus ohne Empfindung und Bewegung. Das Auge derselben Seite war sehr trübe und die Kranke sah nur unvollkommen damit, die Zunge war so lahm, dass sie kaum verständlich sprechen konnte. Ihr voriger Arzt hatte alle gewöhnlichen Mittel in ihrer Krankheit angewendet, er hatte sie 5 mal an Füsse und Arme zur Ader gelassen und eine grosse Menge innerlicher Mittel und Klystire nehmen lassen; das Letzte, was er anwandte waren zwei Gaben von Brechwein. Alles dieses war, wie leicht zu erwarten, vergebens. *Denis* wagte es nicht, in einer so schweren Krankheit mehr als eine wahrscheinliche Erleichterung von der Transfusion zu versprechen, die Kranke fand sich bereitwillig zu Allem. Er bereitete nun ihren Körper einige Zeit vorher zur Transfusion (wie, ist nicht angegeben) zu, und flösste ihr dann 12 Unzen arteriöses Blut eines Lammes (nach seiner Meinung das feinste und wärmste, was er nur wählen konnte) zu zwei verschiedenen Malen in die Adern.
6.	23. November 1667.	*Lower* und *King*.	Mann, 32 Jahre alt.	*Arthur Coga*, ein armer Baccalaureus der Theologie, ein vollkommen gesunder Mann für eine Guinee zur Transfusion willig.
7.	12. Dec. 1667.	*King*.	Mann, 32 Jahre alt.	Derselbe *Arthur Coga* erbot sich zum zweiten Male freiwillig zur Transfusion, die auch am 12. December 1667 an ihm vorgenommen wurde.

Menge und Art des Blutes.	Art der Transfusion.	Zustand nach der Operation.	Erfolg.	Quelle.
		Grund den Vorwurf machte, *sie habe ihn schon einmal vergiften wollen*, so kam es schliesslich zwischen beiden Eheleuten zu handgreiflichen Thätlichkeiten; sie schwor ihm laut den Tod. Solche unglücklichen Familienverhältnisse trieben den *Mauroy* in die Schänken, wo er sich oftmals betrank. Nach einer solchen Unmässigeit, wo er stark Taback geraucht und ausser dem Wein noch *über eine Kanne Branntwein* zu sich genommen hatte verfiel er in ein heftiges Fieber, welches ihn in wenigen Tagen dahinraffte, sei es nun die Krankheit selbst, welches dies bewirkte, oder, welches nicht unwarscheinlich ist, ein ihm von seiner Frau gegebenes «*Successions-Pulver*», ein damals in Paris sehr gebräuchliches Mittel, um unbequeme Ehegatten los zu werden. Die Anklagen gegen *Denis*, welche die vielen Neider *Denis*, sowie dies Weib, um ihre Schandthat zu verdecken, als ob die Transfusion vor zwei Monate dies bewirkt, alle diese Marchinationen gehören hier nicht in diese Tabelle. Es genügt, wenn ich anführe, dass *Denis* glänzend gerechtfertigt zum Königlichen Leibarzt ernannt wurde, durch Promotion zum Doctor der Medicin und seinen Uebertritt zur Pariser Facultät sich theilweise mit seinen neidischen Gegnern versöhnte, und von allem Gezänk in Ruhe seine einträgliche Praxis trieb, das ihm besser schien als Märtyrer der Transfusion zu sein. Wer sich für die näheren Details interessiren sollte, lese im Scheel (l. c.) nach.		
12 Unzen arteriöses Blut eines Lammes zu zwei Mal.	Directe Ueberleitung.	Kurze Zeit darauf erhielt die Kranke den Gebrauch der Zunge wieder; das rechte Auge wurde wieder ebenso klar als das gesunde, bald wurde auch Bewegung und Gefühl wieder stärker und ihr Geist wurde so heiter, wie vorher. Sie war im Stande auf den vorhin durchaus gelähmten Fuss ohne Beschwerden zu stehen, und konnte jetzt den kranken Arm bis über den Kopf erheben. Als Zeugen dieser auffallenden Herstellung beruft sich *Denis* auf viele Personen von Ansehen und Rechtschaffenheit. Diese Frau wurde später vor Gericht dem Herzog von *Engerienne*, und vielen anderen hohen Herren als genesen vorgestellt.	Vollkommene Genesung.	*P. Scheel.* pag. 132 I. Theil
9 bis 10 bis 11 Unzen Lamm-Arterienblut aus der Carotis nach Depletion von 6 bis 7 Unzen.	Directe Ueberleitung.	Blieb fortdauernd gesund und heiter.	Blieb völlig gesund.	*P. Scheel* Theil I, p. 170.
Nach Depletion von 8 Unzen 14 Unzen arteriellen Lammblut.		Blieb vollkommen gesund, abgesehen von einem kurzen vorübergehenden fieberhaften Zustande.	Blieb völlig gesund.	*P. Scheel* Theil I. pag. 175.

Nr.	Zeit.	Operateur.	Geschlecht und Alter.	Krankheitszustand und Symptome vor der Operation.
8.	1668.	*Balthasar Kaufmann* und *Gottfried Mathaeus Purmann* zu Frankfurt a. d. O.	Mann.	Sohn des Kaufmann *Wesslein* aus Berlin wurde innerhalb dreier Monate von einer sehr heftigen Lepra kurirt dadurch, dass die Aerzte zu mehreren Malen eine reichliche Portion Blut aus der Medianvene abfliessen liessen und ihm an dessen Stelle neues Blut aus der Carotis eines Lammes einflössten.
9.		dieselben.	Mann.	Scorbutischer Soldat.
10.		dieselben.	Mann.	Scorbutischer Soldat.
11.	1667. den 10. 11.	*Riva*.	Mann.	*P. Scheel* (l. c. Theil II. pag. 15) schreibt: *Joh. Guil. Riva* aus Piemont, Doctor der Medicin, ein angesehener Anatom und Wundarzt Clemens des Neunten, stellte zu Rom 1667 drei merkwürdige zum Theil glückliche
12.	und 15. December.	*Riva*.	Mann.	
13.		*Riva*.	Mann.	

Transfusionen aus Thieren in Menschen an. Ich bedauere, dass ich von diesen wichtigen Versuchen nicht mehr geben kann, wie das Folgende: die gerichtliche Bezeugung der Thatsache selbst, die nicht ohne Pomp folgendermassen bekannt gemacht wurde:
Exemplar Fidei trium sanguinis transfusionum ex animalium trium viventium arteriis, in trium laborantium morbis diversis hominum venas, celebratum Anno 1667 mense Decembris *Romae*, non bestiali more, sed faciliori et humana methode, prosperoque eventu a *Joh. Guil. Riva*, *Pedemontae* etc. A principalioribus comprofessoribus, qui praesentes operationibus interfuere subscriptae et testificatae: legalitate invicti et triumphantis Capitolii munitae, nec non sigillo Serenissimi Senatus, inclitiem, Populi Romani autenticatae. Typieditum pro Transfusionis munimine ad Dei gloriam humanique generis beneficium. Ab aliquibus virtute praeditorum Amicis.
Dann folgt das Document selbst, datirt den 19. December 1668; unterschrieben und mit Eid bekräftigt vom Protomedicus *Constantins*, den Archiater und Professor *Trullius* (der seine Gegenwart bei der an Dr. *Sinibald* versuchten Transfusion bezeugt), dem Vice-Protomedicus *Petraglia*, und dem Doctor und Lector am Römischen Archigymnasio, *Jacob Sinebald* und mit zwei Notariat-Instrumenten begleitet. Die genannten Personen versichern darin, sie seien bei drei Transfusionen gegenwärtig und zum Theil Gehülfen gewesen, die von *Riva* aus den Arterien dreier Hammel in die Venen dreier Kranken, den 10., 11. und 15. December 1667 auf das Geschickteste (egrigie peractis) vorgenommen worden und zwar nach einer Methode, bei der man die Vene weder zu entblössen, noch heraus zu präpariren nöthig habe, bei der man nur eine angemessene und etwas grössere Oeffnung in dieselbe mit der Lanzette machen zu müssen, wie beim gewöhnlichen Aderlass. Man habe bei allen das Blut auf das Deutlichste in die Vene überströmen gesehen, *ausgenommen bei der zweiten, an den Doctor der Medicin Joh. Franc. Sinibald*, schon völlig aufgegebenen und fast schon sterbenden Schwindsüchtigen, einen an dem selbst der berühmte *Fonseca*, ein heftiger Gegner der Transfusion, ihre Anwendung als an einem völlig Hoffnungslosen gebilligt habe. Bei diesem sei weder aus der geöffneten Ader etwas Blut abgeflossen, *noch sei ihm etwas Blut beigebracht, einige wenige Tropfen geronnenes Blut ausgenommen, die durch Druck mit dem Finger übergetrieben seien. Sinibald sei auch nicht in Folge der Operation, sondern mehrere Monate darauf, nicht an der Wunde oder dem übergeflössten Blute, sondern an dem zur Winterzeit verschlimmerten, schon 14 Jahre alten mit Fieber und Geschwüren in der Lunge verbundenem Catarrhe gestorben.*

Menge und Art des Blutes.	Art der Transfusion.	Zustand nach der Operation.	Erfolg.	Quelle.
Lammblut aus der Carotis.	Directe Ueberleitung.		Vollkommene Genesung.	*Purrmann* Chir. curiosa pag. 712.
Lammblut aus der Carotis.	Directe Ueberleitung.	Die Kranken verschlimmerten sich sehr danach, dass sie sich «in Jahr und Tag» von ihrer «Schaaf-Melancholie» nicht erholen konnten.	Starben nicht an der Transfusion.	Ibidem.
Hammelblut aus der Carotis.	Directe Ueberleitung.		Genesen. Unschädlich. Genesen.	*P. Scheel* Theil II, p. 15.

Nr.	Zeit.	Operateur.	Geschlecht und Alter.	Krankheitszustand und Symptome vor der Operation.
				Von den beiden anderen sei der eine, der seit 16 Tagen an einem Quotidianfieber litt, wie man sage, fortgezogen, nachdem das Fieber einige Tage weggeblieben sei, und man könne daher von dem Ausfalle nichts bestimmtes sagen.

(Aliorumque duorum alterum, sesedecim dierum quotidiana laborantem, ut nobis prolatum fuit, post aliquot dies cum febris intermisione dubios sui de eventu nos relinquentem discessisse). Von dem dritten wird nichts weiter erwähnt; es scheint also, dass er geheilt worden ist, da man ihn sonst neben der gestorbenen *Sinibald*, oder im Falle der unvollkommenen Herstellung, zugleich mit dem zweiten Kranken angeführt haben würde.

| 14. | 2. Januar 1668. | *Paulus Manfredus* aus Lucca. | Mann. | Unbekannt mit der französiscen Transfusionsmethode erdachte der römische Arzt Doctor *Paulus Manfredus*, ausserordentlicher Professor der practischen Medicin am Römischen Archilycae, in |

Verbindung mit den Doctoren *Camayo* und *Simoncelli* folgende Methode, die er wie der Augenzeuge *Elsner* in den Acta Nat. cur. 1684 angiebt an einem fieberkranken Tischler 1668 den 2. Januar ausübte. Er unterband den Arm wie zum Aderlass, zeichnete über der Vene einen Strich mit Dinte und schnitt die in einer Falte aufgehobene Haut ein, brachte unter die entblösste Vene einen mit Wachs bestrichenen Faden und band damit ein in dieselbe eingebrachtes silbernes Röhrchen fest, dann vereinte man dieses Röhrchen mit dem in der Arterie (Carotis) des Thieres (eines Widders, wie aus der Kupfertafel, die dem Tractate des *Pauli Manfredi* «De nova et inaudita chirurgica operatione, sanguinem transfundante ex individuo ad individuum, primum in brutis, dein in homine Romae experta: Romae 1668» hervorgeht) eingebrachten, und liess das Blut überfliessen. Vom Erfolg sagt er nichts weiter, als, dass man *ohne Nachtheil soviel Blut, als man gewollt*, übergeflösst habe (tantum sanguinis quantum libuit, innocue communicavimus); die ganze Operation sei nicht schmerzhafter, wie ein Aderlass.

| 15. | ? | *Kiva*. | ? | *Kiva* erwähnt (*Landois*, Wiener med. Wochenschrift: Jahrgang 1868 pag. 1695) noch eine am Menschen von ihm ausgeführte Thierblut-Transfusion, die wahrscheinlich günstig verlaufen ist. Leider fehlt in der Mittheilung (Act Nat. Cur. I. Dec. 1. 1684) jegliche nähere Bezeichnung des Leides und der Art der Wendung nach der Operation. |

| 16. | 1792. | *Russel* Wundarzt. | Knabe von 16 Jahre an der Wasserscheu erkrankt. | Zu Eye in Suffolk, wo innerhalb kurzer Zeit an 20 Personen an der Hundswuth starben, öffnete *Russel*, der die traurige Lage des wasserscheuen Knaben sah und wohl wusste, wie ohnmächtig die gewöhnliche Kurmethode sei, dem Knaben die Ader, und liess ihn so lange bluten, bis er niederfiel und ohne Leben schien; dann öffnete *Russel* eine andere Ader und liess nach und nach das Blut zweier Lämmer überfliessen. |

Menge und Art des Blutes.	Art der Transfusion.	Zustand nach der Operation.	Erfolg.	Quelle.
Aterienblut eines Widders.	Directe Ueberleitung.		Starb nicht, anderer Erfolg ist nicht angegeben.	Acta Nat. cur. 1684. *Pauli Manfredi:* De nova et inaudita chirurgica operatione, sanguinem transfundante etc. Romae 1668.
Arterielles Thierblut.	Directe Ueberleitung.		Scheint günstig verlaufen zu sein.	Act. Nat. cur. I Dec. 1684.
Arterienblut von zwei Lämmern.	Directe Ueberleitung.	Der Kranke kam allmählig wieder zu sich und blieb nicht nur leben, sondern erhielt auch vollkommene Gesundheit und Seelenkräfte wieder.	Vollkommene Genesung.	Historical Magazin. 1792, § 167, May.

Nr.	Zeit.	Operateur.	Geschlecht und Alter.	Krankheitszustand und Symptome vor der Operation.
17.	1839.	Bliedung.	Mann, 83 Jahre.	Lungenblutung, 5 Tage andauernd, grosse Erschöpfung.
18.	1847.	Sokolow in Moskau.	Mann.	Asphyktischer Cholerakranker.
19.	1860.	Esmarch in Kiel.	Mann, 19 Jahre.	Erschöpfung erst durch Eiterung, dann durch Exarticulatio femoris, nach welcher Pulslosigkeit, Aufhören der Respiration, leichenhaftes Aussehen.

Menge und Art des Blutes.	Art der Transfusion.	Zustand nach der Operation.	Erfolg.	Quelle.
4 bis 5 Unzen Venenblut eines Bockes.		Vorübergehende Oppression der Brust; nachher leichte Phlebitis; stärkende Behandlung; in 3 Monate vollkommene Genesung.	Vollkommene Genesung.	*Pfaff's* Mittheilung; neue FolgenJahrgangV 1839 Heft 11, 12, p. 45 (standen mir leider nicht zur Verfügung. Verf.)
Blutserum eines Kalbes.	Apparat von *Lane*	Der Kranke genass.	Glücklich.	In einer grossen Arbeit (russisch) über die 1 on (nach *Scheel* u. *Dieffenbach*) vom Moskauer Professor Dr. *Filomophitsky* erwähnt.
14 Unzen Kalbsblut *defibrinirt* zu 36° Ccm. erwärmt in die Vena femoralis.	Binnen ¼ Stunde eingespritzt.	Sofort kräftigere Herzcontractionen, nachher Wiederkehr des Radialpulses, Reaction der Pupillen, Gleichmässigkeit der künstlich hergestellten Respiration. Nach *einstündigem* Schlaf *Convulsionen* *und Tod.* Section ergab Blutleere in den Abdominalorganen.	Tod.	*Dreesen* Diss. in de transfusione sanguinis. Kiel, 1861 p. 6.

Ausser diesen 19 Thierblut-Transfusionen giebt es möglicher Weise noch einige, so erwähnt z. B. *Demme* in seinen «Militairchirurgischen Studien» (Würzburg 1863) auf Seite 177, dass der Italiener *Polli* im Jahre 1852 mehrere Fälle «aus seiner eignen «reichen Erfahrung zusammenstellen konnte, in denen Lämmer- «blut mit Glück für die menschliche Transfusion benutzt worden «war». Auch *Scheel* (l. c.) sagt in einer Anmerkung seiner Vorrede wörtlich: «dass *Denis* einem jungen Menschen Pferdeblut ohne «Schaden in die Adern eingeflösst habe, finde ich weder in *Denis* «Schriften, noch sonst wo, obgleich es *Haller* in seiner Bibliothec- «medic. pract. T. III pag. 250, wie wohl ohne seinen Gewährsmann «anzuführen, behauptet.»

Aus dieser Tabelle geht auf das Glänzendste hervor, dass das Thierblut *kein einziges Mal als solches* den Tod beim Menschen bewirkte, sondern sich ebenso vortheilhaft erwies, wie unsere heutigen Menschenblut-Transfusionen. Fall 3 starb an einer Darmverschlingung mit eingetretenem Brande, trotzdem war dennoch die Transfusion so nützlich, dass der Kranke — der schwedische Baron *Bond* — der schon bewustlos dahinlag, zum Bewustsein zurückgerufen wurde, sowie dass das seit 3 Tagen währende Erbrechen auf 24 Stunden aufhörte und er sogar Bouillon, Tisanen und Geleen zu sich nehmen und ohne Erbrechen bei sich behalten konnte. Fall 9 und 10 besserten sich freilich nicht, aber sie waren «nach Jahr und Tag» immer noch nicht gestorben, litten nur an einer «Schaaf-Melancholey.»

Fall 12 erhielt, wie aus dem merkwürdigen Actenstück hervorgeht, nur «einige wenige Tropfen geronnenes Blut, die durch Druck mit den Fingern übergetrieben wurden,» derselbe, ein von allen römischen Aerzten aufgegebener «Schwindsüchtiger,» starb erst einige Monate nach der Transfusion an seinem «schon 14 Jahre alten, mit Fieber und Geschwüren in der Lunge verbundenem Catarrh». Beim Fall 19 (*Esmarch*), ebenfalls ein Todes-Candidat, bewirkte das *«defibrinirte»* Kalbsblut, dass, obgleich die Respiration schon aufgehört hatte und trotz seines leichenhaften Aussehens, sofort kräftige Herzcontractionen, Wiederkehren des Radialpulses, Reaction der Pupillen, Gleichmässigkeit der Respiration, dann einstündiger Schlaf eintrat, darauf aber, ich lege darauf besonderen Nachdruck, wie aus heiterem Himmel, *Convulsionen und Tod*, also der Tod trat unter denselben Erscheinungen ein wie alle Experimentatoren an ihren Thierversuchen mit *defibrinirten fremdartigen* Blute erfuhren: «*die raschtödtende Wirkung grösserer Menge gequirlten eingespritzten fremdartigen Blutes*» (*Mittler* l. c. pag. 13), das der sonst so verdienstvolle und nüchterne *Panum* (l. c.), der in zwei Hunden *defibrinirtes* Kalbsblut resp. *defibrinirtes* Lammblut in grösserer Menge mit aller Vorsicht einspritzte, nicht anders erklären kann, als «weder Kohlensäurereich-«thum und Armuth an Sauerstoff (venöse Beschaffenheit des Blu-«tes), noch Ueberfüllung des Gefässsystems, noch der Faserstoff, «noch irgend welche abnorme Beschaffenheit des Blutes (*defibrinir-«tes Blut ist eben abnorm.!* Verf.), als eben die, *das es von einer an-«deren Thierart herrührte*, konnte bei diesen Versuchen, als Ur-«sache der krankhaften Symptome und des *tödtlichen* Ausganges in «Betracht kommen».

Ich erwidere *Panum*: nicht das «fremde Blut» als solches wirkte tödlich, sondern das «fremde *defibrinirte*». Wie überhaupt die gesammten Folgerungen, die *Panum* aus seinen Transfusionsversuchen zieht mit grosser Vorsicht aufzunehmen sind, da er nothwendig zu verschiedenen falschen Schlüssen kommen musste, weil er keine Transfusion mit «*ganzem* Blute» als Controlle anstellte, sondern lediglich mit «*defibrinirtem* Blute» (ob defibrinirtes Venenblut oder defibrinirtes Arterienblut *Panum* zu seinen Versuchen genommen, hat derselbe nicht ein einziges Mal angegeben, er spricht nur von Blut, das er irgend einem Thiere entnommen und defibrinirt hat) arbeitete, sie haben deshalb nur physiologisches Interesse, für die Transfusionsfrage jedoch, so interessant und so mühsam sie auch sonst sind, fast *keinen* praktischen Werth und alle Schlussfolgerungen, die für die Defibrination bis zum heutigen Tage auf die *Panum*'schen Versuche gebauet werden, sind eben *falsch*.

Panum bemüht sich, wie eben bemerkt, unterstützt von einer bestechenden Sprache, sehr energisch Propaganda für das Defibriniren zu machen. Um nun zuvörderst die Ungefährlichkeit des *gequirlten gleichartigen* Blutes darzuthun, beschloss er das Blut eines kleinen Hundes durch gequirltes Blut mehrerer grösserer Hunde zu verdrängen. Wie ihm dies gelungen, lassen wir ihn selber sprechen (pag 168):

«Ein kleiner, nur 2 — 3 Monate alter, langhaariger, weiblicher «Hund, welcher am 13. August 1861 2620 Grm. wog, hatte, im «Observationskasten eigesperrt, sehr getobt und gelärmt und sich

«gewaltig abgearbeitet. Am 15 August wog er nur 2460 Grm.
«Ich beabsichtigte nun das Blut dieses kleinen Hundes durch das
«Blut der beiden grossen, im vorigen Versuch verwandten Hunde
«zu verdrängen. Zu diesem Ende wurden ihm aus der Art. caro-
«tis 122,4 Ccm. Blut entzogen. Nach dieser für den kleinen Hund
«sehr starken Blutentziehung floss kein Blut mehr aus der geöff-
«neten Carotis, das Thier bekam Krämpfe und war sehr matt.
«Als ihm aber $3 \times 32 = 96$ Ccm. gequirltes Blut vom schwarzen
«männlichen Hunde (Versuch 7) durch die Jugularvene injicirt wurde,
«erholte er sich völlig. — Gleich nachher wurden dem kleinen
«Hunde wieder 100 Ccm. Blut entzogen, wonach er noch mehr ange-
«griffen war, als vorhin nach Entziehung der 122,4 Ccm. Während
«der Vorbereitung zur Injection des fremden Blutes, worüber 5 — 10
«Minuten vergingen, hörten unversehens die Athembewegungen
«ganz auf, und bevor nun die Injection vollzogen werden konnte,
«war auch die Empfindung und willkürliche Bewegung, sowie eine
«jede Spur von Reflexbewegung, namentlich sowohl bei Berührung
«der Hornhaut als der Conjunctiva vollständig verschwunden. Der
«todte Hund wurde dessenungeachtet durch die Transfusion des
«gequirlten Blutes vom schwarzen Hunde wieder zum Leben ge-
«bracht. Nach Injection der ersten 32 Ccm. stellten sich zuerst
«einzelne langsame und tiefe Athemzüge ein, die aber bald häufiger
«wurden; während der Injection der folgenden 32 Ccm. wurden die
«Athemzüge regelmässig, doch blieben sie anfangs noch sehr tief,
«so lange die Berührung der Hornhaut und Conjunctiva keine Be-
«wegung der Augenlider auslöste; darauf aber, gegen Ende der
«Injection dieser 32 Ccm., kehrten die Reflexbewegungen der Au-
«genlider und die Empfindung wieder und sogleich wurden die
«Athemzüge sehr beschleunigt, unter Beibehaltung des regelmässi-
«gen Rhythmus. Es wurden ihm nunmehr noch 16 Ccm erwärm-
«tes gequirltes Blut des schwarzen Hundes in die Jugularvene ein-
«geflösst und hiernach erfolgten auch wieder willkürliche Bewegun-
«gen. (Die zuerst injicirten $32 + 32 = 64$ Ccm. waren nicht erwärmt
«worden.) Für die ihm entzogenen $122,4 + 100 = 222,4$ Ccm.
«Blut hatte der Hund somit $96 + 80 = 176$ Ccm. wieder erhalten,
«also im Ganzen 46,4 Ccm. verloren. An festen Blutbestandtheilen
«hatte der Hund kaum etwas eingebüsst, denn das ihm zuerst ent-
«zogene, ihm ursprünglich eigne Blut hatte, nachdem es gequirlt
«war, nur ein spec. Gew. von 1041,7 und das spec. Gewicht seines

Serums betrug nur 1019, während das spec. Gew. des ihm ein-
«geflössten gequirlten Blutes des schwarzen Hundes 1062,8 betrug.
«Dessenungeachtet war der kleine Hund sehr krank nach der Trans-
«fusion. Er war so matt, dass er nicht auf den Beinen stehen
«konnte, und es stellte sich nach einiger Zeit *Würgen* (doch ohne
«Erbrechen) ein, *wobei ihm eine dunkle, blutige, schaumige Flüssig-*
«*keit vor's Maul trat.* Es waren nunmehr etwa 2 Stunden seit
«Anfang des Versuchs verstrichen. ³/₄ Stunde nach der letzten
«Transfusion wurden ihm dann wieder 40 Ccm. Blut aus der Ca-
«rotis entzogen und dafür 32 Ccm. gequirltes Blut des grossen,
«braunen, weiblichen Hundes, das vorher erwärmt war und dessen
«spec. Gew. 1052 betrug, durch die Jugularvene injicirt. Während
«der Injection war die Respiration sehr beschleunigt und es floss
«ihm danach eine *braunrothe Flüssigkeit aus dem Maule.* Auch
«*aus dem After wurde mit Blut tingirter Schleim entleert.* Mit
«Rücksicht auf den schlechten Zustand des Thieres, das ganz still,
«ziemlich schnell respirirend dalag, wurden weitere Operationen
«einstweilen eingestellt. *Um 1½ Uhr erbrach es eine beträcht-*
«*liche Menge einer blutig gefärbten Flüssigkeit.*
«Um 2½ Uhr hatte sich der Zustand merklich gebessert, ob-
«gleich die willkürlichen Bewegungen noch sehr matt waren. Es
«wurden ihm nun nochmals (zum 4. Male) aus der Carotis 63 Ccm.
«Blut entzogen und dafür 32 Ccm. gequirltes Blut injicirt. Es trat
«danach aber Erbrechen *schwarzer blutiger Massen* ein, die Res-
«piration wurde langsam und unregelmässig, die Hornhaut wurde
«unempfindlich, die Herzbewegungen sehr schwach und *um 3 Uhr*
«*erfolgte der Tod*».

Wem fällt bei Durchlesung dieser Versuche nicht die *Magendi'*-
sche Angabe ein: «*das Fehlen des Faserstoffes giebt zu serösen
und sanguinolenten Transsudaten in Lunge und Darmkanal Veranlassung!*»

Diese nun sehr bedenklichen mit dem Tode endigenden Er-
scheinungen, die Entleerungen *blutiger* Flüssigkeiten aus *Schnautze,
Maul* und *After* (ohne Angabe des Sectionsberichtes!) sucht
Panum zu entkräften, indem «alle diese Erscheinungen nur die
Folge einer ausserordentlichen Erschütterung des Nervensystems
wären» und durch andere weder stichhaltige, noch haltbare
Gründe, die man im Original nachlesen muss.

Diese Gründe («Betrachtungen,» wie *Panum* sagt) veranlassten

ihn, einen neuen Versuch anzustellen, aber denselben so zu modificiren, dass er «die starken Erschütterungen des Nervensystems durch die übermässigen Blutentziehungen vermied und den Bluttausch durch oft wiederholte kleinere Dosen zu bewerkstelligen suchte».
Also (Seite 171 f. f.):

«Am 18. August 1861 wurde ein dem im vorigen Versuch «ganz gleiches weibliches, ebenfalls 2 — 3 Monate altes Hündchen «von derselben Mutter, das ebenfalls 24 Stunden lang im Obser-«vationskasten gesessen und hier sehr getobt hatte, zum Versuche «verwandt. Es wurden ihm 5mal nacheinander aus der einen Carotis Blut in mässiger Quantität entzogen und jedesmal unmittel-«bar danach gequirltes Blut eines andern Hundes in die Jugular-«vene injicirt».

«Es trat während dieser Operation keine merkliche Störung des Wohlbefindens bei dem Hunde ein. Nach der dritten Transfusion hatte er jedoch eine halbflüssige durch Galle braun gefärbte Kothentleerung. Letztere wiederholte sich nach gänzlicher Beendigung des Versuchs und es war der entleerte Koth nicht nur flüssig, sondern auch *blutig* gefärbt. Abgesehen hiervon blieb er aber fortwährend vollkommen munter und schien sich in jeder Beziehung wohl zu befinden. In den Observationskasten gesetzt, verhielt er sich, so lange es Tag war, ziemlich ruhig, Abends soff er Milch und während der Nacht lärmte und tobte er, wie Nachts vorher, bevor ihm Etwas geschehen war, um aus dem Kasten befreit zu werden. Auch am folgenden Tage war «er ganz munter. Während seines nächtlichen Aufenthalts im Kasten hatte er 117 Ccm. Harn und 17 Grm. ziemlich flüssige Excremente entleert. *Der Harn war dunkel gefärbt, enthielt ein wenig Blut und reagirte alkalisch.* Er war reich an Harnstoff und hatte ein spec. Gewicht von 1048. Der gleich nachher, am Morgen des 17. August entleerte Harn war sauer, klar und enthielt keine Spur von Blut oder Eiweiss».

«Am 20. August wurde der so eben beschriebene Versuch mit demselben Hunde wiederholt. Derselbe hat seitdem durchaus keine abnorme Erscheinung dargeboten und war so munter wie bei dem ersten Versuche. Am 19. wog er vor dem Fressen 2250 Grm. Das Blut wurde ihm nunmehr, in ähnlichen Portionen wie bei dem vorigen Versuche, aus der Art. carotis entzogen

»und das gequirlte Blut eines anderen Hundes jedesmal gleich durch die Cruralvene injicirt».

«Es traten während des ganzen Versuchs, der diesmal in etwa 1½ Stunden beendigt wurde, gar keine krankhafte Erscheinungen auf, und unmittelbar nachher lief der Hund sehr behende und munter im Zimmer herum, soff Milch und frass rohe Lunge. Er war nur etwas scheu geworden und lärmte nicht mehr so wie vorher. Auch am folgenden Tage befand er sich ganz wohl, nur dass die Wunden am Halse und in der Leistengegend ihn natürlich etwas genirten; Am nächstfolgenden Tage, den 22., war sein Wohlbefinden unverändert; die Wunde in der Leistengegend genirte ihn offenbar mehr, als die am Halse. Sein Gewicht, das vom 18. bis zum 20. August etwas abgenommen hatte, warscheinlich weil die Einsperrung im Observationskasten, wie gewöhnlich bei Hunden, seinen Appetit herabgesetzt hatte, nahm in den folgenden Tagen eher zu als ab, indem er am 21. August vor dem Fressen 2290, nach demselben 2470 Grm. wog. Der Harn, den er diesmal nach dem Versuch gelassen hatte, war immer klar geblieben und hatte (auch nicht vorübergehend) weder Blut noch Eiweis enthalten. Auch die Excremente verblieben von normaler Färbung, aber der Genuss der Milch machte sie wiederum dünnflüssig. Am Nachmittage des 21. wog er nach dem Fressen 2600 Grm., am 22. nach dem Fressen 2480. und am 23. vor dem Fressen 2300 Grm., nach demselben 2520 Grm. Er hatte somit nicht an Gewicht verloren und sein Wohlbefinden war vollkommen ungestört geblieben; auch die Wunden heilten gut».

«Am 23. August wurden die am 18. und am 20. vorgenommenen Operationen mit demselben kleinen Hunde, der sich mittlerweile, wie bereits oben bemerkt wurde, ganz wohl befunden hatte, wiederholt, indem dabei die Arteria und Vena cruralis der anderen Seite benutzt wurde».

«Es war die Operation sehr schmerzhaft, und das Thier war nach der dritten Transfusion etwas schwach geworden. Dieses hatte seinen Grund darin, dass ein Ast des N. cruralis aus Versehen mit in die Ligatur gefasst worden war; denn als er aus derselben entfernt war, hörten diese Erscheinungen sogleich auf. Uebrigens traten während der Operation gar keine bedenklichen Erscheinungen sogleich auf und unmittelbar nach Beendigung des

«ganzen Versuchs lief der Hund munter im Zimmer herum und
»soff Milch, als diese ihm geboten wurde. Auch am folgenden
«Tage zeigte das Thier nichst Auffallendes, nur war sein Appetit
«etwas geringer als früher. Am 25. fieberte es und die Wunde
«schmerzte sehr; das Gewicht war etwas, doch nicht bedeutend
«gesunken. Am 26. war der *Schenkel sehr schmerzhaft* und wurde
«beim Umherlaufen in die Höhe gehoben. Der Appetit war ge-
«ring und das Thier wollte am liebsten liegen. Am 27. war der
«*ganze Schenkel und Fuss sehr geschwollen und höchst schmerzhaft.*
«Am unteren Ende des Unterschenkels wurde eine Solutio conti-
«nuitatis und bei Bewegung Reibung zweier Knochenenden gegen
«einander bemerkt. *Durch einen Einschnitt am Unterschenkel wurde*
«*viel Eiter entleert und in der Tiefe ein entblösster Knochen mittelst*
«*der Sonde gefühlt.* Es wurde nunmehr die Extremität in der Mitte
«des Unterschenkels amputirt, wobei nur sehr wenig Blut verloren
«ging. Vor der Amputation wog das Thier 2160 Grm., nach der-
«selben 2050 Grm. Das amputirte Bein wog 44,5 Grm.; die übri-
«gen 65,5 Grm. kamen fast ganz auf Rechnung des ausgeflossenen
«Eiters. *Bei der Untersuchung fand sich, dass das Fussgelenk zer-*
«*stört und dass die unteren Hälften der Tibia und Fibula vom Peri-*
«*ost entblösst, von Eiter umgeben waren. Es war somit eine weit*
«*verbreitete Nekrose der Unterschenkelknochen mit Entzündung der*
«*umliegenden Theile die Ursache der Erscheinungen gewesen.* Nach
der Amputation *schien* der Hund sich viel besser zu befinden als
vorher und er verzehrte 100 Grm. Fleisch und Milch. — Am folgenden Tage, *den 28.August* hatte die Wunde ein gutes Aussehen
«und der Hund lief munter auf seinen drei Beinen umher. Nachdem er normalen Harn entleert hatte, wog er 2104 Grm. Da
ich nun den Versuch wegen einer längeren Reise beendigen musste,
tödtete ich das Thier, indem ich ihm aus der Art. carotis und der
V. jugularis das Blut abfliessen liess. Als das Blut nicht mehr
fliessen wollte, wurde durch Streichen der Extremitäten und des
Rumpfes und dann nach dem Oeffnen des Unterleibes und des
Thorax und Einschneiden des Herzens noch ein Rest gesammelt».

(Ein Sections-Bericht wäre sehr zweckmässig gewesen.
Verf.)

Vorstehende auf drei verschiedene Zeiten (18., 20. und 23. August) vertheilter Fundamental-Versuch soll also nun beweisen,
dass das *defibrinirte gleichartige* Blut dem blutempfangenden

Thiere gar nichts schadet, selbst wenn das ursprünglich eigene Blut des Thieres völlig ausgezapft sei?

Mir scheinen diese «klassischen *Panum*'schen Fundamental-Versuche» gerade das Gegentheil zu documentiren.

Gegenüber diesen *verdächtigen* Erfolgen sehen wir uns einmal zum Vergleich einige directe also *nicht defibrinirte* Ueberleitungen mit *vollständigem* Blutumtausch an:

Lower[1]) öffnete in Gegenwart der Doctoren *Wallis*, *Thomas Millington* und anderer Aerzte (1666) einem Hunde von mässiger Grösse die Jugularvene und liess dass Blut so lange ausfliessen, bis er matt wurde und nahe daran war, in Krämpfe zu verfallen. Hierauf leitete er aus der Cruralarterie einer grösseren Dogge, die man daneben festgebunden hatte, so lange Blut in die geöffnete Vene desselben, bis man aus seiner Unruhe und Beklemmung sehen konnte, dass er mit Blut überfüllt sei. Er hemmte hierauf den Lauf des einfliessenden fremden Blutes und liess von neuem Blut aus der Vene ausfliessen. Dieses wechselseitige Einzapfen und Auslassen des Blutes wiederholte er so lange, bis zwei grosse Doggen dem kleineren Hunde nach und nach all ihr Blut gegeben und sich verblutet hatten und *Lower's* Absicht, die ganze Blutmasse umzutauschen, erreicht war. Man vereinigte hierauf die Wunde des kleineren Hundes mit der Heftnadel und band ihn los. Obgleich er nach und nach soviel Blut verloren und wieder erhalten hatte, als er selbst schwer war, so sprang er sogleich vom Tisch herab, schmeichelte seinen Herrn und wälzte sich im Grase, um sich vom Blute zu reinigen, nicht anders, als ob man ihn nur in's Wasser geworfen hätte. Der Versuch hatte auch in der Folge auf sein Wohlbefinden nicht den geringsten üblen Einfluss.

Die philosophische Societät in London nahm auf *Robert Boyles* Veranlassung die Versuche *Lower's* auf, und die von derselben ernannte Commission, bestehend aus *D.* und *Th. Coxe*, Dr. *King* und *Hook* stellte 1666 und 1667 folgende Versuche[2]) an: Sie zapften einem

---

[1]) *Rich. Loweri* tractatus de corde. London 1669. 8°. pag. 191. Scheel Bd. I. pag. 47-49.

[2]) *Birch*, History of the Royal Society. 4. Vol. II 1757. pag. 117, 118, 125. *Boyles* Works V. pag. 363. *Scheel* l. c. pag. 56—57.

Schaaf aus der Jugularvene Blut ab und liessen zu gleicher Zeit das Blut eines anderen Schaafes aus der Carotis in den unteren Theil der Jugularvene einfliessen.

Nachdem gegen vier oder fünf Kannen Blut aus der Vene abgeflossen waren, fing das Schaaf, dessen Blut man in das andere überfliessen liess, an schwach zu werden. Man band es los und der Eigenthümer desselben schlachtete es auf die gewöhnliche Weise.

Es enthielt nicht mehr als gegen eine halbe Kanne Blut. Das andere Schaaf schien sich so wohl zu befinden wie zuvor, und verhielt sich, als ob gar kein solcher Versuch mit ihm vorgenommen wäre. Als man es schlachtete, fand man in ihm die gewöhnliche Blutmenge.

Sie leiteten wie bei dem vorigen Versuche das Blut einer Bulldogge in einen spanischen Hund über und liessen, während dieses fremde Blut überströmte, das eigne Blut des Spaniolen ausfliessen. Letzterer vergoss, bis die Bulldogge sich verblutet hatte, gegen 64 Unzen Blut, ohne Nachtheil für seine Gesundheit. Er war am folgenden Morgen sehr wohl und munter und blieb es auch fernerhin.

Eine Woche nachher wurde dieser Hund der philosophischen Societät vorgestellt, die sein völliges Wohlbefinden constatirte.

Schliesslich noch einen *nicht defibrinirten* Fundamentalversuch von einem Neueren, nämlich von *Mittler* (l. c.):

«Ich habe einem mittelgrossen Hund aus der Schenkelschlag-
«ader so lange Blut entzogen, bis Puls und Athemstillstand ein-
«getreten war. Nun wurde rasch die *unmittelbare* Transfusion
«aus der Schenkelarterie eines grossen Hundes in die Cruralvene
«des eben verbluteten eingeleitet. Das Einströmen erfolgte durch
«eine mässig weite Canüle bei kräftigem Herzimpulse des grossen
«Thieres sehr schnell; nach $1^1/2$ bis 2 Minuten zeigte der em-
«pfangende Hund wieder Puls und Athembewegungen. Die Wä-
«gung ergab, dass derselbe *noch einmal soviel Blut empfangen hatte,*
«*als ihm vorher entzogen worden war,* und nach einer Berechnung
«auf Grundlage der bekannten Daten dürfte das kleinere Thier
«*um $1/6$ mehr Blut bekommen haben, als es ursprünglich in toto be-*
«*sessen hat.*

«Es zeigte nach der Operation Erscheinungen starker Plethora,
«war lebhaft erregt, angriffslustig, frass und trank jedoch sofort,

»und bot nach 24 Stunden keine auffällig abnormen Verhältnisse».
Und weiter bemerkt *Mittler:*

«Bei der Infusion defibrinirten Blutes ist mir ein Austausch in solchem Umfange und mit gleichem Erfolge nicht gelungen!»

Da spreche nun noch Einer von einer Gleich- oder gar Höherstellung des defibrinirten Blutes, respective von einer Schädlichkeit des *ganzen* Blutes.

Da wir also aus vorstehender Thierblut-Tabelle Fall 19 (von *Esmarch*) ausnehmen müssen, weil derselbe defibrinirtes Blut anwendete, so bleibt kein Fall übrig, von dem man auch nur mit einiger Wahrscheinlichkeit behaupten könnte, dass das Lamm- oder Kalbs-Arterienblut in toto *schädliche*, geschweige *tötliche* Folgen gehabt habe; ja nicht einmal das kohlensäurereiche, freilich *nicht* defibrinirte Venenblut eines Bockes (Fall 17 von *Bliedung*) vermochte schädlich im Menschen zu wirken, im Gegentheil war es sogar sehr nützlich, obgleich *Bischoff*[1]), ebenfalls Anhänger der Defibrination, behauptete, dass von den *venösen Thierschlacken des Venenblutes* die grösste Gefahr stets eintreten würde, wenn man fremdartiges undefibrinirtes Venenblut transfundiren würde.

Vom Arterien-Blut äusserte er günstiger, dasselbe brauche man nicht zu defibriniren, weil es keine venösen Thierschlacken habe.

Aus welchen Gründen haben wir nun eigentlich die Verwendung des Säugethierarterienblutes in toto zur Transfusion beim Menschen so völlig aufgegeben?

Ich antworte: Auf den Vorgang *Blundells*, weil derselbe 1819 zuerst Menschenblut (ganzes) transfundirte, was kurz nachher bekanntlich mehrere Male von ihm und seinen Schülern fast stets mit Erfolg wiederholt wurde.

Da selbstverständlich diese ersten Menschenblut-Transfusionen das grösste Aufsehen machten, so wurden von Physiologen in ihren Laboratorien diverse Versuchs-Transfusionen angestellt.

Dumas und *Prevost*[2]) klügelten das bequeme «Defibriniren» aus; *Johannes Müller*[3]), die weltbekannte physiologische Autorität,

---

[1])*Bischoff J· Müller's* Archiv für Anat. und Physiol. 1838. ₴. 347.

[2]) Biblioteque universelle de Gen. 1821. T. 17. Ann. de Chemie 1821. T. 18 pag. 294.

[3]) *J. Müller*, Handbuch der Physiologie. 1. Band.

sprach den nur bedingungsweise richtigen Gedanken aus, dass *nur* die Blutkörperchen das belebende Princip enthalten, daher fort mit dem so leicht gerinnbaren und desshalb störenden Fibrin: «dass es hinfüro für die wichtige Operation der Transfusion von «grösster Wichtigkeit sein werde, sich des geschlagenen und da- «durch von seinem Faserstoff befreiten Blutes, statt des ungeschla- «genen bedienen zu können».

Die Autorität *Müller*'s bewirkte, dass sämmtliche Transfusions-Versuche in Thieren von nun an, schon der Bequemlichkeit wegen, mit dem «besseren» defibrinirten Blute gemacht wurden, wobei sich dann bis zum heutigen Tage stets herausstellte, dass das gequirlte *fremdartige* Blut «giftig» wirke, woraus die nackte und bequeme, aber falsche Schlussfolgerung gezogen wird:» Ungleichartiges Blut wirkt giftig, weil es ungleichartiges Blut ist, folglich darf man nur gleichartiges Blut, also nur Menschenblut zur Transfusion beim Menschen, nehmen!»

Der grosse Zeitgenosse Müller's, *Dieffenbach*[1]), die chirurgische Autorität, trug zu diesem folgeschweren Irrthum auch Erkleckliches bei, denn in der Vorrede seines übrigens nicht beendigten Sammelwerkes über Transfusion sagt er wörtlich:

«Das Blut der Säugethiere, selbst in ganz geringer Menge in «den Kreislauf der Vögel gebracht, tödtet schon in einigen Se- «cunden unter denselben Zufällen, wie das stärkste narkotische «Gift, wie z. B. die Blausäure».

Leider wusste der grosse Chirurge nicht, dass *nur* das *defibrinirte* Säugethierblut den Vogel tödtet, dass jedoch *ganzes* Säugethierarterienblut, wenn es nicht in zu grosser Menge eingespritzt wird, dem Vogel absolut nicht schadet, obgleich man «Säugethierblutkörperchen noch nach 2 — 3 Tagen nachweisen kann.» (*Mittler* l. c.); auch sagt derselbe *Mittler* an einer anderen Stelle: «das «direct von Gefäss zu Gefäss übertragene Blut veranlasst keine «wahrnehmbaren Gerinnungen im Kreislauf des blutempfangenden «Thieres, *auch nicht bei Transfusionen zwischen Säugethier und* «*Vogel nach beiden Richtungen*».

Aus beiden Angaben *Mittler*'s sieht man, dass obiger Blausäure-Vergleich (freilich nur in Betreff der Wirkung *ganzen* fremdartigen Blutes) reines Fantasiegemälde ist; im Uebrigen muss man

---

[1]) *Dieffenbach*. Die Transfusion des Blutes etc. Berlin 1828.

solche unwahren Angaben nicht *Dieffenbach* zur Last legen, sondern den Physiologen, die da entdeckt haben wollten, dass der Faserstoff unnöthig und hinderlich sei; in Folge dessen eben alle Versuchs-Transfusionen ohne diese hinderliche zum Blut angeblich nicht gehörige Beigabe gemacht wurden.

Alles dieses war nun die Veranlassung, dass bis zum heutigen Tage die medicinische Welt an die absolut giftige Wirkung jeglichen Säugethierarterienblutes im Menschen glaubt.

Wenn nun auch gegenwärtig für diese giftige Wirkung des *defibrinirten* ungleichartigen Blutes eine wissenschaftliche Erklärung noch fehlt, so lässt sich doch an solchen unumstösslichen Thatsachen nicht rütteln; es bleibt nur übrig für dieses Factum eine wissenschaftliche Erklärung zu suchen, sowie das bequeme Defibriniren, ganz besonders bei ungleichartigem Blute, völlig zu verlassen.

Ich kann hier die Bemerkung nicht unterdrücken, dass es wohl mehr als gerechtfertigt sein dürfte, abgesehen von allem Uebrigen, schon aus Ebengesagtem den Schluss zu ziehen, dass das Defibriniren auch bei gleichartigem Blute nicht von besonderem Nutzen sein kann, denn, wenn das *defibrinirte* ungleichartige Blut absolut «giftig» wirkt, das *undefibrinirte* ungleichartige aber nicht, so dürfte denn doch das *defibrinirte gleichartige* Blut mindestens stark *verdächtig* sein.

Aus Vorstehendem geht nun die ernste Mahnung hervor, dass allenthalben vergleichende Transfusions-Versuche bei Thieren mit gleichartigem und ungleichartigem Arterien-Blute im grössten Massstabe angestellt werden müssen.

Ich mache aber nachdrücklich auf die Angaben von *Mittler* (l. c.) aufmerksam:

«Sämmtliche Thiere, welche ich Infusionsproceduren unter den «schonendsten Verhältnissen unterzogen habe, sind nicht unbe- «trächtlich erkrankt, auch wenn geringere Menge *gleichartigen* Blutes «eingespritzt wurde; eine Thatsache, welche sich schon bei *Schiltz* «(l. c.) nachgewiesen findet».

Diese Erkrankung ist übrigens physiologisch so begründet, dass es auffallen müsste, wenn der thierische oder menschliche Organismus nach jeglicher Transfusion, ganz gleich, ob gleich- oder ungleichartiges, defibrinirtes oder undefibrinirtes, Venen- oder Arterienblut benutzt wird, *nicht* erkranken würde, denn *Frese*[1]) und Andere wiesen experimentell nach, dass nach jeder Transfusion gesunden Blutes die Temperatur bis zu mehreren Graden stieg. d. h. also «Fieber» eintrat.

Es könnte, ohne Kenntniss dieses ständig nach jeder Transfusion eintretenden Fiebers, vielleicht ein Experimentator beim Transfundiren ungleichartigen Arterien-Blutes, diese Erkrankung auf das «fremdartige» Blut schieben, wie es übrigens schon von vielen Seiten geschehen ist.

Ganz besonders wichtig sind noch folgende Angaben *Mittler's* (l. c.), welche ich im weitesten Umfange durch zahlreiche eigene Experimente bestätigen muss:

1) Bei der Infusion faserstofflosen, also defibrinirten Blutes ist es nöthig vorher eine entsprechende Depletion vorzunehmen!

2) Diese Vorsichtsmassregel ist bei der unmittelbaren Transfusion (also der mit ganzem Blute) von geringer Bedeutung!

Da *Panum* (l. c. pag. 215), wie schon bemerkt, nur mit defibrinirtem Blute Versuche machte, so behauptete derselbe, der Ausdruck Transfusion sei unrichtig, man müsse diese Operation «Substitution des Blutes» nennen, «da man niemals Blut transfundiren «darf, ohne, dass absichtlich, oder, wie es gewöhnlich geschieht, un- «absichtlich, ein wenigstens ebenso grosses Quantum eignes Blut «entleert wird.» Diese völlig irrige Anschauung findet heute noch Anhänger, wie z. B. an *Friedberg*[2])

3) Kleine Mengen direct überführten (also ganzen) Blutes vom Hunde in Kaninchen und umgekehrt, werden ohne vorausgegangene entsprechende Venaesection ertragen!

4) Unter gleichen Verhältnissen (wie 3) erkranken, (d. h. auffällig) die empfangenden Thiere (Hund und Kaninchen und umgekehrt), wenn ihnen gleiche Menge defibrinirten Blutes eingespritzt werden!

5) Die directe Transfusion (also mit ganzem Blute) von Schaaf auf Hund kann man *nach vorausgehender Depletion* in der Regel mit $1/8$ des gesammten Blutgehaltes des empfangenden Thieres ausführen und die Thiere am Leben erhalten!

6) In einigen Versuchen haben Hunde unmittelbar überleitetes

---

[1] *Frese, J. B. (Reval)*, das Verhalten der Körpertemperatur nach Transfusion gesunden Blutes. Arch. für pathol. Anatomie. Bd. 40. 5. 302–304.

[2] *Friedberg H*. Die Vergiftung durch Kohlendunst. Berlin 1866 *(Liebrecht)*.

Schaafsblut, bis zu $^1/_5$, zuweilen noch nahe zu $^1/_4$ des gesammten Blutgehalts ertragen.

7) Die Infusion *defibrinirten* Schaafblutes hat schon bei $^1/_6$ des eigenen Blutgehaltes den Tod des Hundes zur Folge, wenn man die Procedur in demselben Zeitmass durchführen will, wie eine directe Transfusion mit ganzem Blute. Ueberhaupt trat nach Infusionen *gequirlten* fremden Blutes der Tod rasch, ausnahmlos rascher, als nach grössten Mengen ganzen ungleichartigen Blutes, zuweilen selbst nach sehr geringen Mengen *defibrinirten* fremden Blutes ganz plötzlich noch vor Beendigung des Versuches ein!

8) Bei Infusionen ungleichartigen Blutes befinden sich die Thiere am besten, wenn die Einströmungsstelle an der Schenkelvene, also entfernt vom Herzen, gewählt wird.

Diese acht Angaben *Mittler's* bestätige ich im vollsten Umfange durch eine Menge eingehender Experimente.

Da ich bei meinen Versuchs-Transfusionen nur den Zweck der eventuellen Benutzung von Thierblut zur Transfusion beim Menschen im Auge hatte, so habe ich durch das Experiment noch diverse nachfolgende Fragen, die für diesen Zweck von Wichtigkeit sein können, endgültig, wie ich hoffe, entschieden.

Alle diese Transfusionen habe ich mit ganzem Lamm- und Kalbs-Blut in grosse Hunde gemacht.

Lamm- und Kalbs-Blut (in toto) nahm ich desshalb, weil diese Blutkörperchen kleiner sind, als die Blutkörperchen des Hundes, auch sind sie bedeutend kleiner als die des Menschen.

In grosse Hunde transfundirte ich desshalb, weil der Hund das einzigste leicht zu Gebote stehende Thier ist, dessen Nahrung nicht nur ebenso, wie die menschliche eine gemischte ist, sondern auch, weil sein Verwandschaftsgrad vom Lamm oder Kalb jedenfalls eben so weit entfernt ist, als die Verwandschaft des menschlichen Organismus vom Organismus des Lammes oder Kalbes, denn ein Blutumtausch zwischen Thieren nahe verwandter Gattungen beweist Nichts.

Transfusionen mit Säugethierblut in Vögel oder Amphibien und umgekehrt habe ich nicht gemacht.

Sämmtliche Transfusionen wurden mit *ganzem* Arterien-Blute und durch *directe* Ueberleitung in die Vene bewirkt.

Ob thierisches Venenblut zur Transfusion nützlich sei oder nicht, wurde nicht untersucht; denn uns steht ja Nichts im Wege das bessere Arterienblut von jedem tauglichen Thiere, unbekümmert ob dasselbe an der Operation sterben wird, oder nicht, zu nehmen. Wie *Bliedung* (Fall 17) dazu gekommen, thierisches Venenblut einem Menschen zu injiciren, begreife ich nicht; vielleicht nahm er es desshalb, weil das Venenblut nicht so leicht wie das Arterienblut gerinnt und *Bliedung* beregte Transfusion mit einer Spritze vornahm.

Im Falle man nicht das Blut direct durch den eignen Herzschlag des gebenden Thieres in die Vene des empfangenden Thieres überleiten will, sondern dasselbe vermittelst irgend eines Apparates zu injiciren die Absicht hat, dürfte es wichtig sein, die Gerinnungszeit des Blutes jedes Versuchsthieres zu kennen. So führt z. B. *Rautenberg* (l. c.) an: «Hundeblut gerinnt bedeutend schneller, als Menschenblut».

Nicht übersehen wurde die geringe Wiederstandsfähigkeit und die Empfindlichkeit der Hunde; schon *Scheel* (l. c. Thl. II, pag. 228) sagt über Versuchs-Transfusionen in Hunde folgendes höchst Beachtenswerthe:

«Bei Versuchen an Hunden ist der Schmerz und die Angst, «die sie ausstehen, sehr in Betracht zu ziehen, indem diese Thiere «oft empfindlicher sind, als man sich vorstellt. Herr Professor «*Viborg* sah einen Hund, den man eine nicht sehr bedeutende Tu- «mor cysticus in den Bauchmuskeln exstirpirte, ohne alle Verblu- «tung unter der Operation sterben».

Es scheint nun nicht ganz unwichtig zu sein, die Art und Weise der Ueberleitung des Blutes der ältesten Autoren hervorzusuchen und dieselben mit einander zu vergleichen, um so zu einer praktischen Ueberleitungs-Methode gelangen zu können.

Lower beschreibt am 2. Juni 1666 der philosophischen Societät in London seine Transfusion von einem Thier in's andere nach *Scheel* (l. c.) folgendermassen:

«Man entblösse zuerst dem Thiere, welches das Blut hergeben «soll, die Carotis, ungefähr einen Finger lang, trenne den an ihr «herablaufenden Nerven des achten Paares von ihr, führe nun einen «Faden um die Arterie und binde sie gegen den Kopf hin mit «einem Knoten fest zu. Einen halben Finger lang von dieser «Ligatur, lege man gegen das Herz zu einen anderen Faden an, «binde ihn aber nur mit einer Schleife zu. Zwischen dieser Li- «gatur öffnet man die Arterie, bringt eine mit einem Stöpsel ver-

«schlossene Röhre nach dem Herzen zu in sie hinein und binde
«dieselbe darin fest. Damit diese Röhre und die Ader während
«der Praeparation des anderen Thieres warm bleibe, lässt man die
«Haut, soviel als möglich, über der Wunde zusammengezogen halten.
«An dem zum Empfang des Blutes bestimmten Thiere entblösst
«man die Jugularvene einen halben Finger lang, und legt 2 Liga-
«turen mit Schleifen an ihr an. Zwischen diesen beiden Schleifen
«öffnet man die Vene, und bindet zwei mit Stöpseln verschlos-
«sene Röhren in ihr fest, von denen die eine, nach dem Kopfe
«zu gerichtete, dazu bestimmt ist, das eigne Blut auszulassen; die
«andere, nach dem Herzen hin gerichtete aber, das fremde Blut
«zu empfangen. Hierauf binde man die beiden Thiere so neben-
«einander fest, dass weder die Arterie, noch die Vene bei der
«Vereinigung gespannt werde, vereinigt die Röhre der Arterie mit
«jener der Vene durch eine dritte; zwischen beiden angebrachte
«Röhre; und lösst die Schleifen so, dass das Blut frei aus der Ar-
«terie in die Vene überströmt.

«Aus der geöffneten Röhre in der Vene, welche nach dem
«Kopfe zu gerichtet ist, lässt man soviel Blut auslaufen, als man,
«um dem neuen Blute Platz zu machen, für nöthig hält. Nach
«vollendetem Versuche binde man beide Ligaturen an der Vene
«fest zu, schneide die Vene von einander, und vereinige die Haut-
«wunde durch die blutige Nath».

Um die Transfusion leichter ausüben zu können, räth er, dass man zur dritten Röhre, durch die man die beiden andern mit einander in Verbindung bringt, einen biegsamen aus der Arteria cervicali eines Ochsen oder Pferdes bereiteten Canal anwenden solle. Zu den Röhren, die man in die Arterie oder Vene einbindet, sei es am besten, statt eines Federkiels oder sonst einer geraden Röhre, eine etwas gebogene feine silberne Röhre zu nehmen, mit einem hervorstehenden Wulst oder Rande an dem Ende, welches in die Ader gesteckt wird, um sie besser darin festbinden zu können.[1])

Die Methode von *Denis* und *Emmerez* besteht nach *Denis* eigenen Briefen an *Dr. Soribière* in Folgendem:

---

[1]) Eine ausführliche Beschreibung und Abbildung seines Apparates findet man in den Philos. Trans. Nr. 20, sowie *Lower* de corde etc. pag 204 und *Lamzweerde* Apparat. ad Sculteti Armament. chir. pag 54.

«Man bedient sich zur Transfusion an Menschen zweier silber-
«ner, ziemlich feiner Röhrchen von 2 Zoll Länge und nur einer
«Linie im Durchmesser, die an den Enden, die in die Adern gesteckt
«werden, gekrümmt sind, und mit den beiden anderen Enden leicht
«und genau in einander passen. — Bei dem Thiere, welches das
«Blut hergeben soll, entblösst man die Cruralarterie oder Carotis
«(das Blut aus einer Vene ist weniger gut, bemerkt *Denis*) und
«unterbindet sie hier an 2 Orten, ungefähr einen Zoll weit von
«einander entfernt, und zwar nach dem Herzen zu nur mit einer
«Schleife. Zwischen diesen beiden Unterbindungen öffnet man die
«Arterie mit einer Lanzette, und bindet eine von den gekrümmten
«Röhren so ein, dass das gekrümmte Ende nach dem Herzen zu
«gekehrt ist, um das Blut zu empfangen, sobald man die Schleife
«oberhalb gelösst. — Um bequem in der Arterie festgebunden zu
«werden, ohne loszugleiten, hat dieses Röhrchen um sich herum
«kleine Furchen. Nachdem nun das Thier so zubereitet ist, öffnet
«man mit der Lancette die Ader des Menschen, wie bei einem ge-
«wöhnlichen Aderlass, und lässt soviel Blut abfliessen, als man
«will; dann nimmt man die des Aderlasses wegen über der Oeff-
«nung in der Ader angelegte Binde weg und lege sie unterhalb
«wieder an. Hat man nun die Wunde vom Blut gereinigt, so
«bringt man das gekrümmte Ende des oben erwähnten kleinen
«Röhrchens, welches, um das Einbringen zu erleichtern, wie der
«Schnabel einer Schreibfeder geformt und sehr gut polirt ist, in
«die Vene, und hält es darin fest, nähert dann das Thier dem
«Arme des Menschen, vereinigt die beiden Röhrchen und lässt das
«Blut, nach gelösster Schleife, die dasselbe in der Arterie zurück-
«hält in den Menschen überfliessen. Die bequemste Stellung zu
«dieser Operation ist die, dass der Mensch auf einem niedrigen
«Stuhl sitzt und den Ellenbogen auf den Tisch aufstützt, auf dem
«das Thier liegt. Kleine Röhren sind desshalb vorzüglicher, als
«die grossen, weil sie nicht zuviel Blut auf einmal überlassen und
«das Herz überfüllen können. Gerinnung des Blutes in den Röh-
«ren ist nicht zu besorgen, auch könne man derselben durch Er-
«wärmung des Zimmers und der Röhren vorbeugen. Um Er-
«brechen oder andere heftige Ausleerungen zu verhindern ist es
«am Besten, den Kranken durch Clystire u dgl. vorzubereiten
«und ihn 2 bis 3 Stunden vor der Operation nichts zu essen
«geben. Man lasse bei Kranken, die keinen Blutmangel leiden, eher

«etwas mehr Blut weg, als man wieder einflösst und wiederholt
«lieber die Transfusion öfterer, um dem neuen Blute Zeit zu
«geben, sich mit dem alten zu vermischen und zu assimiliren.
«Um die Menge des übergezapften Blutes zu schätzen, kann
«man entweder das Thier vor und nach der Operation wiegen las-
«sen, oder man muss wissen, wieviel Blut ein Thier von einer be-
«stimmten Grösse ungefähr enthält, und dann nach der Operation
«das noch übrige Blut in eine Schüssel laufen lassen, und das Feh-
«lende als transfundirt annehmen, oder endlich, welches am besten
«ist, weil man dadurch die übergeleitete Quantität nicht erst nach
«der Operation, und, wenn es zu spät ist, erfährt, man muss
«wissen, wieviel Blut in einer gegebenen Zeit durchfliessen kann, und
«alsdann die Dauer des Ueberfliessens vermittelst einer Secunden-
«uhr abmessen, um eine bestimmte Quantität überzuleiten».

Diejenigen Röhren, deren *Denis* sich bediente, gaben in einer Minute 6 Unzen. Um die Schmerzlosigkeit der Transfusion zu beweisen, so versichert *Denis*, habe er oft Personen, die beim Aderlass auf die Seite sahen, die Transfusionsröhre, ohne dass sie es merkten, in die Vene gebracht.

Rosa, der gelehrte italienische Physiologe und Anhänger von Thierblut-Transfusionen an Menschen, der 1783 und 84 eine Menge interessanter Experimente an Thieren, durch Ueberleitung nach den Angaben von *Lower* und eigener Methode bewirkte, macht dringend auf die Vorsicht aufmerksam, dass man die Luft aus der «Communicationsröhre» vorher durch das Blut des «gebenden» Thieres austreibe, damit die Luft nicht in den Kreislauf gedrängt werde. Die Vernachlässigung dieser Vorsichtsmassregel veranlasste, dass ein junges Lamm, welches man auf gewöhnliche Weise hatte verbluten lassen, durch gleichartiges Arterienblut, in die Jugularis transfundirt, zwar wieder zum Leben gebracht wurde, aber es bekam gleich nach der Operation kurzen Athem, starkes Flankenschlagen, schien aufgetrieben zu sein, war heiser, es schüttelte sich, arbeitete vergebens nach Luft, die Beängstigungen nahmen zu, man hörte beim Athemholen ein immerfort zunehmendes Kollern in den Lungen, das Lamm wurde immer schwächer, legte sich nieder und starb in weniger als 10 Minuten nach beendigter Transfusion.

Aus vorstehenden Ueberleitungs-Methoden von *Lower* und von *Denis* und *Emmerez*, mit Berücksichtigung der Warnung *Rosa's* lässt sich sehr leicht ein praktisches Transfusionsverfahren zusammenstellen.

Schwieriger ist es, *genau* die Masse des übergeleiteten Blutes bei solcher directen Ueberleitung zu bestimmen. Mir scheint die Idee von *Denis* und *Emmerez* vermittelst einer Secundenuhr die Masse des eingeflossenen Blutes zu bestimmen, noch die beste zu sein, obgleich nicht zu verkennen ist, dass dabei Irrungen vorkommen können, z. B. am Schlusse der Ueberleitung, wenn das blutgebende Thier schon anfängt vom Blutverlust schwächer zu werden, also das Herz nicht mehr so kräftig wie am Anfang das Blut übertreiben kann.

Mittler's (l. c.) Operationstechnik für die Transfusion ist folgende: «Eine grössere Arterie des blutgebenden und eine grössere Vene des blutempfangenden Thieres wurde mit je einer entsprechenden «Glascanüle versehen und vermittelst kurzer Kautschuckschläuche «mit Glasröhren-Interposition untereinander verbunden. Zur Füllung der Canüle diente eine $2^1/2$—3 proc. Lösung kohlensauren «Natrons».

Die Strömung controlirt er durch Betasten der Vene; solange die Strömung anhält, empfindet man an dieser ein Rieseln. Das Eintreten eines Pulses an der Vene ist in der Regel das Zeichen einer Stauung. Die eingeströmte Blutmenge bestimmte er durch Wägung der Thiere vor und nach der Operation.

Gegen diese Art der Ueberleitung lässt sich ein gewichtiges Bedenken geltend machen, nämlich, dass schon in den ersten Secunden der Ueberleitung Gerinnsel in den Vertiefungen der «kurzen Kautschuckschläuche mit Glasröhren-Interposition» sich bilden, die fortgerissen, nothwendig in den Kreislauf des blutempfangenden Thieres gelangen mussten und hier vielleicht Lungen-, Milz- und Niereninfarcte hervorrufen und so die Resultate trübten.

Dass nun *Mittler* die Glasscanülen mit $2^1/2$—3 proc. Lösung kohlensauren Natrons füllte, war vielleicht nicht gut, denn *Braxton Hicks*[1]) theilt 6 tödtliche Fälle beim Menschen mit, bei denen er stets das durch Aderlass erhaltene Blut auf *«Pavy's* Rath», um die Gerinnung zu verhüten, mit einer Lösung von phosphorsaurem Natron vermischte.

---

[1]) *Braxton Hicks* Cases of with some remarks on a new method of performing the operation Guij. Hospital Reports XV pag. 1—14.

Hingegen dem Amerikaner *Buchser*[1]) gelang es 1868 einen Kranken zu retten durch die Transfusion von 3 Unzen Menschenblut, welchem er eine Lösung von kohlensaurem Natron zugesetzt hatte. Meine Versuchs-Transfusionen in Thiere machte ich wie folgt: Die Canüle des blutgebenden Thieres liess ich mit dessen eigenem Arterienblut volllaufen und sperrte dieselbe dann mit einem Korken ab; die eingebundene Canüle des blutempfangenden Thieres füllte ich mit destillirtem Wasser und verkorkte sie ebenfalls; darauf wurde eine völlig genau passende, kurze, gläserne Interpositionsröhre nach entferntem Stöpsel auf die Canüle des blutabgebenden Thieres, deren athmosphärische Luft sofort durch den kräftig herausfliessenden Arterienblutstrahl verdrängt wurde, gesetzt und so durch Hineinschieben dieser sorgsam aufgeschliffenen Interpositionsröhre mit der entstöpselten im blutempfangenden Thiere befestigten Canüle eine solche Verbindung hergestellt, dass das fliessende Arterienblut auf seinem kurzen Laufe in die Vene keinen Widerstand finden konnte. Nachfolgende Figur wird Ebengesagtes deutlich machen.

Fig. XV.

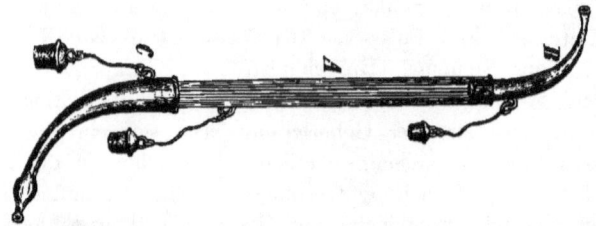

A. Die gläserne Interpositionsröhre.
B. Die silberne Canüle für das blutgebende Thier.
C. Die silberne Canüle für die menschliche Vene.

In Betreff des schon von *Neudörfer* (l. c.) gemachten Vorschlages, eine Lösung von doppeltkohlensaurem Natron zur Verhütung der Gerinnung dem Blute zuzusetzen, bemerkt auch noch *von Belina* (l. c. pag. 132):

«Der Zusatz von ähnlichen Substanzen und ihr Einfluss auf «die übrigen Eigenschaften des Blutes ist jedoch sehr schwer zu «berechnen und dieselben werden schwerlich, wie es *Neudörfer*

---

[1]) *Buchser* successfull case of transfusion. New-York. Med. Record. 1 Oct. 1868 pag. 337.

»sich wünscht — vollständig durch die Nieren ausgeschieden, und «da ihr Nutzen oder Schaden bis jetzt noch nicht festgestellt sind, «so würde es rathsam sein, vorläufig von jeder Beimengung che-«mischer Substanzen Abstand zu nehmen».

Die erste Frage, die ich mir nun zur Beantwortung gestellt hatte, war:

Eine wie grosse Menge Lamm- resp. Kalbs-Blut kann man ohne vorangegangene Depletion einem grossen kräftigen Hunde, gegenüber seinem eigenen Blutgehalt, stets direct überleiten, bevor roth gefärbter Harn erscheint, blutiger Schaum vors Maul tritt und bevor parenchymatöse Blutungen oder sonstige abnorme Erscheinungen eintreten?

Zur Beantwortung dieser Frage habe ich 22 Versuche an 22 Hunden der verschiedensten Arten gemacht.

Zur Bestimmung der Blutmenge jedes Hundes folgte ich der *Valentin*'schen Angabe, der zu dem Resultate gelangte, dass die Blutmenge eines Thieres $^1/_5$ des Körpergewichts betrage; daher wurde jeder Hund auf einer Decimal-Waage genau abgewogen.

Durch Versuche überzeugte ich mich, dass durchschnittlich in einer Minute $5^1/_2$ Unzen Blut aus einem Lamme durch oben unter Fig. XV abgebildeten Apparate fliesst.

Zur Einströmungsstelle wurde (mit Ausnahme von vier Versuchen, wo die Jugularis gewählt worden war) die Schenkelvene genommen.

Die Arterie des Lammes oder Kalbes war stets die Carotis externa.

Lammblut wurde 20 Mal, Kalbsblut zwei Mal genommen.

Auf Grund dieser 22 Versuche gelangte ich zu dem Resultate, dass man *immer* ohne vorhergehende Depletion einem Hunde Lamm- oder Kalbsblut im Betrage von $^1/_{24}$ des Blutgehaltes des Hundes überleiten kann, bevor eines der genannten Symptome erscheint.

Zweite Frage:

Wenn in gesunde kräftige Hunde diese so gefundene Blutmasse direct übergeleitet ist, findet man dann, nachdem die Thiere a) nach einigen Stunden, b) nach einigen Tagen durch Lufteinblasen in die Jugularis getödtet, die Nieren dunkler von Inbibitions-Röthe etc. gefärbt, als bei Hunden derselben Art, die zu gleicher Zeit ganzes gleichartiges Blut erhielten?

Zur Beantwortung wurde in zwei Paar Hunde und zwar in jeden $1/24$ des gesammten eigenen Blutgehaltes transfundirt. Das eine Paar wurde 10 Stunden nach der Transfusion getödtet, das andere Paar nach 2 Tagen.

Weder die Section, noch die mikroskopische, noch makroskopische Untersuchung der Nieren (Querschnitte) ergab irgend einen Unterschied; die Nieren der Thiere, die fremdartiges Blut erhalten hatten, sahen genau so aus, wie die Nieren der Thiere, die gleichartiges Blut erhalten hatten.

Dritte Frage:

Kann man in Hunde schon nach 24 Stunden ohne Depletion wiederum dieselbe Menge Lammblut leiten, ohne dass rothgefärbter Harn, oder blutiger Schaum vor dem Maule erscheint, oder parenchymatöse Blutungen aus den frischen Operations-Wunden treten, oder die Nieren von Inbibitionsröthe dunkler gefärbt etc. erscheinen?

Zur Beantwortung wurden 6 Versuche gemacht, davon wurden drei Hunde nach 18 Stunden getödtet und die Nieren völlig normal gefunden, die anderen 3 Hunde nach zwei Tagen; der Urin und die Faeces wurden während dieser Zeit in den mit Blech ausgeschlagenen Observations-Kästen aufgefangen; Sicherheitshalber lagen die Hunde während dieser Zeit stark geknebelt in diesen Kästen, damit sie nicht etwa ihre Operationswunden an den Schenkeln auflecken, aufbeissen oder aufstossen konnten.

Die Untersuchung des Urins und der Faeces ergab kein Blut, blutiger Schaum, parenchymatöse Blutungen etc. etc. erschienen nicht; die makroscopische, sowie mikroskopische Nieren-Untersuchung ergab keine Veränderung gegenüber den Nieren eines stark gefütterten nicht zu Transfusions-Versuchen gebrauchten und zu gleicher Zeit getödteten Hundes derselben Art und desselben Alters.

Auf Grund dieser Resultate ist unzweifelhaft die Thierblut-Transfusion beim Menschen völlig zulässig.

Jedoch *Creite*[1] hat experimentell nachgewiesen, dass eine *gif-*

---

[1] *Creite.* Versuche über die Wirkung des Serumeiweisses nach Injection in das Blut. Zeitschrift für rationelle Medicin v. *Henle* u. v. *Pfeufer.* Bd. 36. Leipz. 1869.

tige Wirkung des Blutserums gewisser Thierarten auf andere Thierarten stattfindet.

Da beim Menschen, wie meine obige Thierblut-Tabelle zeigt, ohne tödtliche Folgen Lamm- oder Kalbsblut transfundirt wurde, so ist der Beweis geliefert, dass dem Serum des Lamm-Blutes und dem Serum des Kalbs-Blutes, (wenigstens nicht in zu grosser Menge injicirt,) eine giftige Wirkung im Menschen *nicht* zukommt; daher darf man zuvörderst nur Lamm- resp. Kalbsblut zur Transfusion beim Menschen verwenden.

Die Gesammtblutmasse eines erwachsenen Menschen wird von einigen Physiologen mit 12 Pfund angegeben, andere schätzen sie sogar bis 30 Pfund. *Valentin* kam, wie schon bemerkt, bei seinen Bestimmungen an verschiedenen Thieren zu dem Resultate, dass die Blutmenge ohngefähr $1/5$ des Körpergewichts, bei einem Menschen von 60 Kilogramm also 24 Pfund betrage.

Für die ungleichartige Blut-Transfusion wird man gewiss am sichersten gehen, wenn man vorsichtiger Weise die menschliche Gesammtblutmasse mit der niedrigsten Norm, also mit 12 Pfund durchschnittlich für einen Erwachsenen annimmt.

Da ich nun ganzes *ungleichartiges* Säugethier-Arterienblut unbeschadet der Gesundheit des Thieres ohne vorausgegangene Depletion bis zu $1/24$ des gesammten eigenen Blutgehaltes schadlos überleiten konnte, so würde diese Zahl, auf die menschlichen 12 Pfund Blut übertragen, ergeben, dass man in den erwachsenen Menschen 6 Unzen *ungleichartiges* Säugethier-Arterienblut (Lamm- und Kalbsblut) transfundiren könne.

Bekanntlich ist bis dahin immer noch ein Streit, wieviel Blut man überhaupt in den Menschen zur Zeit transfundiren müsse; ich schlage folgende sich gewiss nicht weit von der Wahrheit entfernende Lösung vor: Man nehme sämmtliche günstig verlaufene Transfusionen mit ganzem Blute, bei denen die injicirte Blutmasse genau angegeben, addire die Blutmasse und dividire in dieselbe mit der Zahl der günstigen Fälle; dann würde man die Durchschittsblutmasse jeder günstig verlaufenen Transfusion mit ganzem Blute erhalten.

Es sind dies, wie die weiter unten folgende Tabelle beweist, 60 Fälle mit 444 Unzen Blut, durchschnittlich also 7 Unzen menschliches ganzes Venenblut für jede glückliche Transfusion.

Da bekanntlich aber das sauerstoffreiche Arterienblut belebender, hülfreicher, als das vom Körper schon verbrannte, sauerstoffarme, kohlensäurereiche Venenblut wirkt, so dürfte man wohl nicht Fehl gehen, wenn man 4 Unzen ganzes Säugethier-Arterienblut als von hinreichender Wirkung zur jedesmaligen Transfusion annimmt; zumal wenn man noch bedenkt, dass sogar mit 4 Unzen vom Körper schon verbranntem Venenblut, die Hälfte aller glücklichen Transfusionen, wie die am Schluss folgende Tabelle zeigen wird, bewirkt worden sind.

Vier Unzen sind aber nur $1/30$ des gesammten menschlichen Blutgehaltes. Es ist nun aus allem Vorhergehenden wohl anzunehmen, da die minder resistenzfähigen Thiere ganzes fremdartiges Säugethier-Arterienblut stets bis zu $1/24$ ihres eigenen Blutgehaltes vertrugen, dass der menschliche Organismus eine um $1/3$ geringere Masse fremdartigen Blutes wohl in jeder Beziehung nicht nur ohne Schaden, sondern sogar mit Nutzen empfangen kann und darf.

Dass nun *Panum* (l. c.) aus seinen Versuchen mit ungleichartigem Blute zu dem Resultat gelangte, dass das von einer anderen Species infundirte Blut sich nicht dauernd zu erhalten vermöge, sondern alsbald im Körper des operirten Thieres dem Zerfall und der Ausscheidung unterliege, kann hier nicht in Betracht gezogen werden, weil nur defibrinirtes Blut zu diesen seinen Versuchen genommen, von dem wir ja wissen, dass es bei ungleichartigem Blute meistens tödtlich wirkt, und daher im günstigsten Falle stets sehr eiligen, also gefährlichen Zerfall und Ausscheidung nach sich ziehen müsse.

Obgleich *Eulenburg* und *Landois* (l. c;) auf diesem *Panum*'schen Standpunkte stehen, sind dieselben dennoch der Ansicht (pag 54) *dass man im «äussersten Nothfalle» zum Thierblut greifen solle.*

Wären diese beiden um die Transfusion so hochverdienten Forscher nicht auch von Vornherein der irrigen Ansicht gewesen, dass das Blut-Defibriniren eine nützliche Sache sei, so würde ihr Ausspruch über Thierblut-Transfusionen an Menschen ganz anders gelautet haben, weil sie auch dann nach dieser Richtung hin ihre interessanten Transfusions-Versuche ausgedehnt haben würden.

Der Autoritätsglaube hat der Transfusion unendlich geschadet.

Auch *Rautenberg* (l. c.) sagt:

«Im äussersten Ausnahmefall würde ich ohne Bedenken arteriel-
«les Thierblut (vom Schaaf, Ochsen oder Lamm) zur Transfusion
«wählen».

Noch energischer drückt sich *Neudörfer*[1]) aus:

«Das Blut muss übrigens einem vollkommen gesunden Menschen
«oder solchen gesunden Thieren entnommen werden, deren Blut-
«körper nicht grösser, als jene des Menschen sind. Es eignet
«sich demnach zu Transfusionen auch das Blut vom Ochs, Kalb,
«Schaaf und Pferd».

Besonders betont es *Hermann Demme*[2]):

«Zahlreiche Experimentatoren wiesen nach, dass die Gefahr
«einer heterogenen Transfusion einzig und allein in dem Missver-
«hältniss zwischen den Blutkörperchen und dem Caliber des be-
«treffenden Capillarsystems begründet sei; und dass die Transfu-
«sion zwischen verschiedenartigen Thieren von demselben kräftigen
«Erfolge gekrönt sei, wenn nur die Blutkörperchen des gebenden
«Thieres gleich gross oder kleiner als das Caliber des Capillar-
«systems des empfangenden Thieres sind.

«Die bedeutendsten physiologischen Experimentatoren stehen
«nicht an, in der ungestraften Benutzung von Säugethierblut für die
«Transfusion beim Menschen eine unumstössliche Thatsache zu
«erblicken, und ich glaube, dass gerade hierin ein Moment liegt,
«welcher der Einführung der Transfusion in die Militair-Chirurgie
«unendlich zu statten kommen wird. *Es bedarf hinfort nicht
mehr des heroischen Blutopfers eines gesunden Nebenmenschen.
«Das Zug- und Schlachtvieh kann mit demselben Vortheil ange-
«sprochen werden!* Neben der leichten Zugänglichkeit haben wir
«als Vortheil dieser Methode die Möglichkeit hervorzuheben, weit
«grössere Quantitäten von Blut injiciren und die Operation häu-
«figer wiederholen zu können als man dies bisher aus humanen Rück-
«sichten, aber häufig zu Ungunsten des Transfusionserfolges wagte.
«Als besonders geeignete Thiere erscheinen Pferde, Rinder, Schaafe,
«bei denen die Blutkörperchen zum Theil selbst kleiner als das
«Caliber des menschlichen Capillarsystems sind».

Auch *Belina-Swiontkowsky* (l. c.), der sonst doch bis auf
die letzte Seite seiner Abhandlung ein Vertheidiger und Anhänger der Defibrination ist, sagt, nachdem er in 2 Kaninchen *defibrinirtes* Hunde- resp. Kalbsblut transfundirt hatte, wonach das eine

---

[1]) *Neudörfer J.* Handbuch der Kriegschirurgie. Erste Hälfte. Allgemeiner Theil. Leipzig 1864.
[2]) *Hermann Demme.* Militair-chirurgische Studien. Würzburg 1863 pag 176.

Kaninchen am folgenden Tage "auffallend dunklen Harn» entleerte, so wie von «grosser Niedergeschlagenheit» war, sich sonst nach diesem ($^1/_2$ Unze) defibrinirten Hundeblut (nach vorausgegangener Depletion von 1 Unze) erholte; das andere, dem er einige Tage hindurch dreimal je $^1/_2$ — 1 Unze Blut entnommen, darauf 2 Unzen defibrinirtes Kalbsblut in die Jugularvene spritzte, «obgleich momentan der Herzschlag sich hob und die Respiration tiefer wurde, doch nach $1^1/_2$ Stunden unter Convulsionen endete».

«Die Frage, ob *nicht* (! Verf.) defibrinirtes Blut vom Säugethier «unter Umständen beim Menschen transfundirt vortheilhaft wirkt, «halten wir mit Berücksichtignng der Fälle von *King*, *Denis* und «*Bliedung* noch lange nicht für erledigt;» [Wie? nach von *Belina*'s, eignen Worten in derselben Schrift ist doch: «der Faserstoff nur «ein unwesentlicher Bestandtheil des Blutes,» oder ist er etwa nur bei Thierblut wesentlich, beim Menschenblut aber nicht? Verf.] «wollen jedoch dies nicht weiter erörtern, da wir vor «Allem den praktischen Nutzen vor Augen haben und das Men- «schenblut immer vorziehen. Man kann dasselbe auch meistens «schneller (? Verf.) bei der Hand haben, da sich doch immer «(? Verf.) Verwandte und Bekannte» [Aber in Krankenhäusern wo keine Verwandte und Bekannte vorhanden? Verf.] zum geringen ? Verf.) Opfer einer Venaesection bereitwillig finden».

Auch *Schiltz*[1]) in *Köln* hatte schon früher in seiner Dissertation auf das Thierblut energisch hingewiesen. Ebenfalls in seiner neueren Abhandlung[2] (in welcher er bemerkt, dass der unter den Namen «*Martin*'sche Spritze» bekannte Transfusions-Apparat von ihm erfunden und schon längst in seiner Dissertation beschrieben und abgebildet sei) sagt *Schiltz*: «Da eine grössere «Menge von Menschenblut sehr selten zu beschaffen sein wird, so ensteht die Frage, ob es nicht gerechtfertigt sei «auf jeden Fall leicht assimilirbares Thierblut zu verwenden».

Bresgen (l. c.) sagt pag. 11 seiner Schrift: «Soll jedoch die «Transfusion in Wirklichkeit mit Erfolg in die Praxis eingeführt «werden, so muss uns durch den physiologischen Nachweis ein «Thierblutsurrogat stets zur Disposition gestellt sein».

---

[1]) *Mathias l'italis Schiltz*. Diss. de transfusione sanguinis ejusque usu therapeutica. Adjunctae sunt 2 tabulae instrumentorum. Bonae 1852.
[2]) Deutsche Klinik. 1867 Nr. 39.

Neuerdings war auch in der Sitzung vom 20. Februar 1867 der Socide biologie zu Paris bei Gelegenheit der Besprechung zweier Menschenblut-Transfusionen, welche von *Lorain*[1]) (Man siehe die spätere Tabelle) im Hospital Saint Antoine ausgeführt waren, eine interessante Discussion.

In dieser Discussion hebt *Brown-Sequard* vier seiner Meinung nach wesentliche Punkte hervor:

1) Es sei nicht nöthig, Blut derselben Thier-Species einzuspritzen, man könne daher beim Menschen eben sowohl das Blut anderer Säugethiere z B. der Hammel transfundiren.

2) Man dürfe nur defibrinirtes Blut anwenden.

3) Das benutzte Blut brauche nicht Normal-Temperatur zu haben, sondern könne auch etwas kälter sein.

4) Man müsse soweit wie möglich vom Herzen entfernt z. B. an einer Vene der unteren Extremitäten und sehr langsam injiciren, um nicht Störungen der Herzthätigkeit hervorzurufen.

Ausserdem erwähnt noch *Brown-Sequard*, dass er auch einen Hund durch Taubenblut wieder belebt und dass derselbe nach 3 Monaten noch im Laboratorium des bekannten Chirurgen *Bernard* gelebt habe.

Wir müssen nach unserer Untersuchung zu dem ersten Satze *Brown-Sequard*'s den Zusatz machen: ohne Depletion nicht mehr als höchstens 6 Unzen Thierblut, mit Depletion dreist das Doppelte.

Den zweiten Satz verwerfen wir völlig, auch mit seinem dritten Punkt stimmen wir nicht überein, weil Blut von geringerer Temperatur in der Vene Gerinnungen hervorrufen kann und sogar schon hervorgerufen hat; mit seiner vierten Angabe befinden wir uns in völliger Uebereinstimmung.

Obgleich *Rosa* (l. c.) und *Brown-Sequard* (l. c.) die Unschädlichkeit eines Blutausches zwischen fremden Gattungen, Ordnungen und Classen in den weitesten Grenzen vertreten, so muss ich mit *Mittler* (l. c.) diesem entgegentreten, da wir aus unseren Versuchen zu der Schlussfolgerung gelangten, dass ungleichartige Transfusionen nur mit geringer Blutmenge erlaubt sind.

So schliesst *Mittler* seine interessante Arbeit mit folgenden Worten:

---

[1]) *Lorain*. Paris 1867. Hirsch-Virchow's Jahresbericht für 1867. 2 Heft 1868.

«Da jedoch das unmittelbar transfundirte Blut, gleich viel
«welcher Art, caeteris paribus wesentlich besser und in grösserer
«Menge ertragen wird, als das gequirlt infundirte, andrerseits in
«neuester Zeit *Rud. Demme* und ganz kürzlich *Mader* profuse
«Blutungen aus dem Darm, dem Uterus, der Scheide, der Letztere
auch Stauungserscheinungen in der rechten Herzkammer nach
«geringer Infusion gequirlten, gesunden Menschenblutes in den
«Menschen beobachtet haben, so erscheinen nach meinen Versu-
«chen unmittelbare Transfusionen vom Thiere auf Menschen *in be-*
«*schränktem Umfange* einer näheren Prüfung werth».

Die Blutmenge von 4 Unzen Lamm- resp. Kalbs-Blut, jedesmal in Menschen transfundirt, ist gewiss eine Transfusion «in beschränktem Umfange».

Mit Depletion kann man ohne Schaden mindestens eine dreifach grössere Blut-Menge transfundiren; so konnte ich nach vorausgehender Depletion mehrfach $2/3$ des gesammten Hundeblutes durch Lammblut ersetzen, ohne dass ich schlechte Folgen bemerken konnte, die Hunde lebten wenigstens noch nach Wochen und waren ganz munter.

Am häufigsten wird man nun auch wohl in der Lage sein, vor der Transfusion eine kräftige Depletion machen zu müssen; ich erinnere hier an die Vergiftung durch Chloroform und Aether, durch Strychnin, Morphium, Opium, Alkohol etc.; an die durch Brunnen-, Abtritts- und Stickstoff-Gase Erstickten; an die Erdrosselten; Erhängten; Erfrorenen; an die vom Blitz Getroffenen; an hochgradig Hydraemische; an Scorbut; Morbus maculosus Werlhoffii; Leukämie; urämische Intoxicationen; Eclampsie; Diabetes mellitus; septicaemische und pyämische Zustände; zur Unterstützung der Tracheotomie bei Diphtheritis; an profuse Darmcatarrhe mit dabei auftretenden Hydropsien der Brustfellsäcke, des Herzbeutels und mit nachfolgendem Lungenödem; an die chronische Anaemie, wo das Blut so ungemein verarmt an Blutkörperchen ist; ebenfalls an die Erschöpfung durch chronische Eiterung; an Epilepsie, wenn sie auf Blutarmuth beruht; an Verhungerte; an durch übermässige Märsche Erschöpfte; auch an Reconvalescenten zur Beschleunigung der Genesung nach schweren erschöpfenden Krankheiten etc. Bei allen diesen Zuständen wird und muss eine Depletion vor oder während der Transfusion stattfinden; ich glaube, dass man daher allzu ängstlich auf die eingelaufene Thierblut-Quantität nicht zu achten braucht; ebenfalls bei den Transfusionen nicht, welche nach akuten. Metrorrhagien und anderen Blutflüssen bewirkt werden.

Bei all jenen Transfusionen, die quoad vitam unternommen werden, kann überhaupt erst das zurückgekehrte Leben die Norm sein, wann mit der Einleitung des Lamm- resp. Kalbsblutes aufgehört werden muss.

Auch bei den Fällen braucht man nicht all zu ängstlich auf die Quantität zu achten, bei denen *Eulenburg* und *Landois* die Transfusion ausgeführt wissen wollen.

«In denjenigen Fällen von allgemeiner Ernährungsstörung, wo
«durch die mechanischen Verhältnisse entweder die Nahrungsauf-
«nahme verhindert, oder die Assimilation und Resorption der In-
«gesta mehr oder weniger vollständig ausgeschlossen ist. Wir
«erinnern hier nur an die Fälle von carcinomatösen oder nar-
«bigen Strikturen des Oesophagus, der Cardia und des Pylorus,
«wo die Kranken so oft im buchstäblichsten Sinne des Wortes
«verhungern; ferner an den Tetanus, wo so häufig jeder Versuch
«einer Nahrungsaufnahme die bedrohlichsten Reactionserscheinungen
«hervorruft, und wo überdies die Transfusion vielleicht auch einer
«mehr causalen Indication zu genügen vermöchte, indem sie den
«Centraltheilen, und speciell der Medulla oblongata, ein minder
«reizendes, sauerstoffreicheres Blut zuführt. Gewiss ist der Gedanke,
«den Kranken in derartigen, ganz verzweifelten Fällen durch die
«Transfusion zu ernähren, rationeller und erfolgverheissender, als der
«traurige Nothbehelf ernährender Bäder und Clystiere, und weit
«weniger problematisch als die «Gastrotomie», bis zu welcher sich
«die bewundernswerthe Kühnheit einzelner Chirurgen wiederholt
«verstiegen hat. Man wende nicht ein, dass wir das Gebiet der
«Therapie auf Zustände auszudehnen versuchen, die ihrer Natur
«nach oft unheilbar und den therapeutischen Bestrebungen unzu-
«gänglich sind; denn wäre die Wirkung der Transfusion eine palli-
«ative, so würde sie doch, genügend oft wiederholt. in solchen Fällen
«sich doch immerhin als hülfreich erweisen, und es wäre gewiss
«die verfehlteste Politik, auf eine derartige Palliativbehandlung zu
«verzichten oder sie, mit Rücksicht auf die Unheilbarkeit des Grund
«leidens, geradezu als «nutzlos» zu verwerfen. — Ueberdies sind
«aber auch recht wohl Fälle denkbar, in denen es sich um Störun-
«gen von mehr vorübergehendem und reparationsfähigem Charakter

«handelt, und wo die «ernährende Transfusion» die wesentlichsten
«Dienste leisten könnte. Abgesehen vom Tetanus, erinnern wir
«an diejenigen Krankheitszustände, bei denen es darauf ankommt,
«jede Lageveränderung der im Cavum abdominis liegenden Organe,
und vor allem jede Darmbeweguug, streng zu verhüten. Penetri-
«rende Bauchwunden, besonders Darmverletzungen, diffuse oder
«circumscripte Peritonitis und Entzündung der Darmserosa, Magen-
«oder Darmgeschwüre mit drohender Perforation, sowie auch ge-
«wisse Formen der inneren Einklemmung gehören hierher; und
«man würde hier vielleicht mit Hülfe der ernährenden Transfusion
«die absolute Immobilisirung der Bauchorgane längere Zeit
«durchführen können, ohne gleichzeitig durch die Consequenzen
«der sreng eingehaltenen Inanition das Leben direct zu gefährden.
«Bei dem Hinweis auf diese Möglichkeit darf nicht ausser
«Acht gelassen werden, dass die Chancen für eine längere Conser-
«virung durch die Transfusion bei hungernden Menschen in einer
«Beziehung weit günstiger sind als bei Thieren. Die oberflächliche
«Lage und der langgestreckte Verlauf zahlreicher grösserer Venen-
«äste gestatten eine sehr häufige Wiederholung der Operation, ohne
«dass man genöthigt ist, auf dieselbe oder eine nahe gelegene
«Stelle zu recurriren und daher ohne die Gefahren nachträglicher
«Eiterung».

Unzweifelhaft wird die Blut-Transfusion von grossartigem Nutzen
bei all diesen von *Eulenburg* und *Landois* angegebenen Zuständen sein.

Da jedoch *Neudörfer* in seinem Handbuch der Kriegschirurgie
I. Hälfte, Allgemeiner Theil, Anhang, pag. 148, f. f.) ein Verfahren vorschlägt, das vielleicht geeignet sein dürfte, gerade bei
diesen von *Eulenburg* und *Landois* angegebenen Ernährungsstörun-
gen die Transfusion nicht nur zu ersetzen, sondern sogar zu übertreffen; und da diese Neudörfer'schen Angaben bis dahin merkwür-
diger Weise noch nicht berücksichtigt worden sind, so führe ich in
Nachfolgendem dessen Vorschläge an:

«Wir haben die Transfusion als ultimum refugium bei erschöp-
«fenden Eiterungen empfohlen, wenn der Verwundete den Appetit
«verliert, wenn der Säfteverlust sich durch Nahrungsmittel nicht
«ersetzen lässt. Wir sind dabei von dem Gedanken ausgegangen:
«alle Nahrung, die wir zu uns nehmen, hat nur den doppelten
«Zweck. 1) Wärme im Körper zu erzeugen und dieselbe auf glei-

«cher Höhe zu erhalten, ohne welche die chemischen und vitalen Vor-
«gänge nicht stattfinden können, und 2) den Wiederersatz der ver-
«brauchten Gewebe herzustellen. Und dieser Wiederersatz geschieht
«durch die Umwandlung der Nahrung in Chylus, Lymphe und Blut,
«und erst das Blut übernimmt die Restitution des Gewebsver-
«brauchs. Wenn wir also dem Menschen zum Zwecke der Ernäh-
«rung Blut einflössen, so verlieren wir allerdings jene Menge thieri-
«scher Wärme, die sich bei der Umwandlung der Nahrungsmittel in
«Lymphe, Chylus und Blut erzeugen, aber wir können diese Wärme-
«quantität in der Oekonomie des Organismus auch entbehren,
«weil wir ja die chemischen Vorgänge der Umwandlung, welche
«die erzeugte Wärme theilweise wieder verbrauchen, ganz über-
«springen, und so ist der Ausgleich wieder hergestellt. Der Sinn
«unseres Vorschlages war daher der, dem Verwundeten, der sei-
«nen Appetit verloren hat und keine Nahrung zu sich nehmen
«kann, und doch einen grossen Stoffverbrauch durch Säfteverlust,
«durch die Eiterung erleidet, bei Kräften zu erhalten und so
«lange durch die Transfusion zu ernähren, bis die Verhältnisse
«im Organismus und namentlich in dem Verdauungsbezirk soweit
«wieder hergestellt sind, um die Ernährung des Körpers wieder
«selbst übernehmen zu können. Diese Schlussfolgerung ist ganz
«richtig, daher auch unanfechtbar. Aber man kann immer fragen:
«ist die Tranfusion des Blutes der einzige Modus, um die Ernäh-
«rung des Körpers mit Ausschluss des Verdauungsapparates für
«einige Zeit zu erhalten? Die Antwort auf diese Frage geht
«aus folgender Betrachtung hervor.

«Welche Dignität auch die Blutkörperchen im Organismus ha-
«ben, so steht doch fest, dass sie selbst die Ernährung zu überneh-
«men nicht vermögen, sie sind nur die Handlanger der Ernährung,
«sie bewirken den Umsatz, besorgen den Gasaustausch, aber die
«Ernährung selbst wird von den übrigen Proteïnsubstanzen von den
«andern im Blut befindlichen Albuminaten getragen. Es liegt da-
«her auf der Hand, dass wir in allen Fällen, wo es sich darum
«handelt, die durch das Unvermögen, zu essen, suspendirte Ernäh-
«rung so lange zu erhalten, bis im Digestionstrakt die normalen
«Verhältnisse wieder hergestellt sind, in den Kreislauf dieselbe Er-
«nährungsflüssigkeit einführen sollen, welche im normalen Zustand
«durch den Verdauungstrakt dem Blute geliefert wird. Im Normal-
«zustand werden dem Blute durch die Ernährung täglich Albumi-

«nate, Fette und Salze zugeführt. Wenn wir also den Menschen
«der nicht essen kann, erhalten wollen, so müssen wir dem Blute
«von aussen her dieselben Stoffe, Albuminate, Fette und Salze zu-
«führen. — Der Satz ist gewiss richtig und vom Standpunkt der
«Logik ganz unanfechtbar. Dennoch dürfen wir auf die Logik allein
«hin, so lange wir nicht die Probe durch das Experiment gemacht
«haben, den Versuch am Menschen nicht machen, weil es möglich
«ist, (um mich der Ausdrucksweise eines grossen Mannes zubedie-
«nen) dass bei organischen Vorgängen die Logik der Thatsachen
«mit der dem Geiste entnommenen Logik nicht übereinstimmt. —
«Die Probe durch das Experiment ist jedoch nicht schwer zu ma-
«chen. Man braucht nur zu sehen, ob ein Thier bei Ausschluss,
«der Nahrung durch den Verdauungstrakt durch die tägliche Zu-
«fuhr der oben genannten Stoffe in's Blut am Leben erhalten wer-
«den kann. Wenn dieses Experiment ein positives Resultat giebt,
«dann haben wir auch die Logik der Thatsache für uns, der sich
«dann kein Mensch verschliessen kann. — Wieder war es der ge-
«niale *Richardson*, der das nöthige Experiment durchgeführt hat.
«Er hat einen Affen eingesperrt und hungern lassen und ihn meh-
«rere Wochen hindurch am Leben erhalten, blos durch die tägliche
«Einführung der nöthigen Menge einer geeigneten Albuminlö-
«sung in's Blut. — Halten wir also die Thatsache fest, dass es
«gestattet ist, ausnahmsweise, anstatt auf normalem langem Wege
«in's Blut gelangte Ernährungsflüssigkeit, wenn dieser Weg tem-
«porär nicht passirbar ist, dieselbe direkt von aussen in's Blut ein-
«zuführen, und dass diese Ernährung das Leben einige Zeit hin-
«durch erhalten kann, dann ergeben sich folgende Schlüsse, die
«wir bei der Erörterung der Transfusionsfrage machen dürfen. —
«*Da es immer eine Schwierigkeit bleibt, gesundes Menschenblut
«zur Transfusion zu erlangen, weil wir dazu erst einen gesunden
«Menschen brauchen, der sich entschliesst, für einen Anderen an sich
«eine Venaesection machen zu lassen;* da wir ferner aus einer
«Reihe von Thatsachen (die anzuführen uns zu weit von unserem
«Gegenstande abführen würde) die Ueberzeugung erlangt haben,
«dass sowohl Blut als auch seine Derivate, von einem gesunden
«Menschen auf einen andern Menschen übertragen, zuweilen schäd-
«lich wirken, und dass wir diese schädliche Wirkung erst a pos-
«teriori erfahren; so ist es klar, dass, wenn es sich blos darum
«handelt, die Ernährung durch die Transfusion zu erhalten, wir es

«vorziehen werden, das einfachere und wirksame Mittel anzuwen-
«den, dass wir statt der Transfusion des Blutes lieber die Infusion
«mit den geeigneten Albuminaten ausführen werden.
 «Ja wir dürfen vielleicht sogar den Satz umkehren. Wir haben
«in den Fällen, wo die Ernährung darnieder liegt und durch Medi-
«camente nicht zu heben ist, die Transfusion des Blutes vorge-
«schlagen, um den Stoffverbrauch zu decken, obwohl wir für diesen
«Zweck mehr die Albuminate des Blutes als die Blutkörperchen
«brauchen; wir haben hierbei mehr gethan, als wir benöthigten.
Es ist aber immerhin möglich, dass wir auch nach Hämorrhagien,
wo nebst den Ernährungssubstanzen der Albuminate auch die
«Blutkörperchen fehlen, mit der Infusion von Ernährungsflüssigkeit
ausreichen und den Tod durch Erschöpfung hintenanhalten können.
Es dürfte durch die Infusion in solchen Fällen zunächst ein Zustand im Körper geschaffen werden, der mit der Leukämie viel
«Aehnlichkeit hat, der aber bald verschwinden wird, wenn einmal
die zur Bildung der Blutkörperchen nöthige Zeit, die wir bisher
nicht kennen, abgelaufen ist. Wo auch immer die Werkstätte
für die Erzeugung der rothen Blutkörperchen ihren Sitz hat, ob
«in der Milz, in der Leber, oder sonst wo, so ist diese Werkstätte
«selbst durch die stattgefundene Hämorrhagie in ihrer Arbeit al-
«lerdings gehindert worden, aber es ist kein Grund zu der An-
«nahme vorhanden, dass durch die stattgefundene Hämorrhagie die
Werksttäte selbst zu weiterer Arbeit unbrauchbar geworden sei,
auch, wenn ihr das Material zur Verarbeitung zugeführt wird.
Wir neigen uns der Meinung zu, dass, wenn nach einer Blutung,
sei es bei einer Verwundung, oder im Puerperium, eine geeignete
Albuminatlösung in's Blut infundirt wird, das Leben des Verblutenden gleichfalls wird erhalten werden können, weil ja in dem
eingeflössten Gemisch alle nöthigen Bestandtheile zur Ernährung
und Blutbereitung vorhanden sind, und weil ja die blutbereitenden
Organe selbst durch die Blutung zwar zur langsameren Arbeit
gezwungen, aber zur Zeit der Infusion jedenfalls noch nicht funk-
tionsuntüchtig geworden sind. — Einige in dieser Richtung ange-
«stellte Experimente werden diese Frage in Kürze entscheiden.
Man entziehe einem Thiere den 4. oder 5. Theil seines Blutquantums
und infundire ihm darin absatzweise unsere gleichzunennende Infusionsflüssigkeit unter den nöthigen Cautelen, und es wird sich
«zeigen, ob durch die Infusion von Ernährungsflüssigkeit die

«Blutkörperchen sich wieder erzeugen und welche Zeit dazu nöthig ist. Wenn man an die in früherer Zeit so vielen und so reichlichen Venaesectionen denkt, welche oft dem Körper so viel Blut entzogen, dass der Venaesecirte ohnmächtig wurde, und wo die Menge der rothen Blutkörperchen, wenn nur die Operation nicht «zu oft und in zu kurzer Zeit wiederholt wurde, durch die gewöhn-«lichen Nahrungsmittel sich sehr bald wieder ersetzte, so dass man an der Gesichts- und Lippenfarbe (ein sehr praktischer Blutkörperchen-Zähler) den Blutverlust nicht mehr erkennen konnte, so scheint auch der Schluss eine Berechtigung zu haben, dass auch durch die Infusion nach Hämorrhagien die Zahl der Blutkörperchen sich wieder herstellen wird. Welche Vortheile sich daraus ergeben, wenn die Infusion die Transfusion zu ersetzen vermag, brauchen wir nicht erst besonders hervorzuheben, da dieselben aus dem Bisherigen klar hervorgehen.

«Unsere Aufgabe muss es jetzt sein, eine geeignete Infusionsflüssigkeit zusammenzusetzen, welche sowohl den Zwecken der Ernährung, als auch den in jedem concreten Falle erforderlichen Spe-«cialbedingungen entspreche soll. Und in dieser Richtung müssen «wir gestehen, das unsere Formel noch nicht zu einem definitiven «Abschluss gelangt ist. Unsere Erfahrung war leider nicht hinrei-«chend gross, um eine bestimmte Infusionsflüssigkeit für die ver-«schiedenen Fälle angeben zu können. Wir haben im Ganzen nur «neunmal bei Cholerakranken im Stadium des Collapsus die Infu-«sion ausgeführt; jedesmal verschwand zwar der Livor im Gesichte «und an den Lippen, aber am Leben konnten die Kranken nicht «erhalten werden. Soviel haben wir gefunden, dass es am zweck-«mässigsten ist, zu der Lösung nicht frisches Eiweiss, sondern das ge-«reinigte, im Wasser lösliche Eiweiss (Lieberkühns), und ferner anstatt «reinen oder verseiften Fettes das Glycerin zu verwenden, dem wir «am Liebsten doppeltkohlensaures Natron (1 Scrupel auf 4 Unzen «Flüssigkeit) beigeben. Man kann der Flüssigkeit, ohne die Lös-«lichkeit derselben zu beeinträchtigen, einige Tropfen Alkohol oder «Rothwein zusetzen. Die andern der Infusionsflüssigkeit beizu-«setzenden Medicamente werden im nächsten Kapitel ihre Erledi-«gung finden. Hier wollen wir nur darauf hinweisen, dass die Al-«buminate die Eigenschaft haben, sehr leicht zu zerfallen, dass «dieser Zerfall einen verschiedenen Ausgangspunkt hat und verschie-«dene Zwischenprodukte hervorruft. Die letzten Endpunkte sind

«zwar, welches auch die Zwischenprodukte sein mögen, stets die-
«selben, doch sind es gerade die verschiedenen Zwischenprodukte
«der Albuminumsetzung, welche die verschiedenen Bluterkrankun-
«gen hervorrufen, die wir mit dem Namen der Zymosen, der Gäh-
«rung- oder Zerfall-Krankheiten bezeichnen, und die uns beson-
«ders interessiren. Namentlich ist es jene besondere Zymose,
«die wir mit dem Namen der Pyämie belegen, welche für das
«Gesammtgebiet der Chirurgie von der grössten Wichtigkeit ist. —
«Wenn wir einmal wüssten, welches die ersten Spaltungen und
«Umwandlungen der Blutalbuminate sind, die durch die bestehende
«Eiterung hervorgerufen werden, dann würde diese Krankheit sehr
«bald dem Chirurgen keine Angst mehr einflössen. Es ist Aufgabe
«der. pathologischen Chemie, diese Spaltung genauer zu studiren,
«aber es bleibt Aufgabe der klinischen Beobachtung und des kli-
«nischen Experimentes diesen Zerfall nicht zu Stande kommen zu
«lassen, was vielleicht theilweise durch die Infusion zu erreichen
«sein dürfte, wie wir später zeigen werden».

«Später auf Seite 167 sagt *Neudörfer:*

«Wenn auch das Wesen der Pyämie für uns jetzt noch in
«Dunkel gehüllt ist, so wissen wir doch schon soviel, dass sie
«eine Bluterkrankung ist, die von einem Zerfall der Albuminate
«im Eiter ausgeht und die in der gesammten Blutmasse fort-
«schreitet und so das Leben unmöglich macht.

«In Ermangelung anderer Heilmittel der Pyämie erwächst für
«uns die Pflicht, wenn es sich um ein epidemisches Auftreten derselben
«handelt, den Versuch zu wagen, ein solches Fortschreiten des Zerfalls
«der Albuminate zu verhindern. Wir schlagen zu dem Ende die
«Infusion von Kreosot vor. Wir würden zu einer solchen Infusion
«uns abermals einer Lösung des (im Wasser löslichen) Albumin
«mit etwas kohlensaurem Natron machen, dem wir auf die Unze je
«ein, oder höchstens zwei Tropfen Kreosot beimengen würden.
«In dieser Quantität ist das Kreosot nicht im Stande, das Eiweiss
«zu coaguliren, *aber jeden weiteren Zerfall aufzuheben,* und desshalb
«erscheint uns die Infusion mit dieser Flüssigkeit bei der Pyämie
«gestattet. Ob sie das Leben zu erhalten vermag, muss uns das
«Experiment lehren, welches wir anzustellen nicht nur berechtigt,
«sondern sogar verpflichtet sind».

Ich habe zu diesen so beachtenswerthen Ansichten *Neudörfer's*
Nichts hinzuzufügen; es sei denn, dass *Eulenburg* und *Landois*

die Infusion mit Albuminaten in durch Blutverlust schon fast leblos gewordene Kaninchen versuchten, dieselben jedoch nicht zum Leben zurückrufen konnten. Daraus folgt aber durchaus nicht, dass die Albumin-Infusion in manchen Gebieten nicht im Stande sein könnte die Blut-Transfusion zu verdrängen.

Wir müssen an sämmtliche Experimental-Physiologen die dringliche Bitte stellen, durch reichliche und geignete Versuche diese für die praktische Medicin so ernste Frage entscheiden zu helfen.

Neuerdings hat *Creite*[1]) einige Versuche nach dieser Richtung hin gemacht, die freilich nicht sehr ermuthigend klingen.

Creite spritzte gewissenhaft filtrirtes Hühnereiweiss vermischt mit gleichen Theilen destillirtes Wasser dreien Kaninchen in die Jugularis ein, dieselben hatten einige Minuten später massenhaft Eiweiss im Harn. Hingegen wenn Kalbsblutserum einem Kaninchen eingespritzt wurde, war der Harn nicht eiweisshaltig; dasselbe zeigt auch das Injiciren von Schweineblutserum; hingegen schien Hundeblutserum den Harn des Versuchskaninchen schwach eiweisshaltig zu machen.

Die Operations-Technik für die Transfusion von Thierblut im Menschen ist nun sehr einfach:

Durch einen etwa 3 Zoll langen Schnitt lege man vorsichtig die Carotis oder die Schenkel-Arterie eines etwa auf einem kurzen Brette festgeschnallten Lammes frei, trenne wenn der Nerv offen zu Tage liegt, den nebenlaufenden Nerven von dieser Arterie, führe --- dem Herzen entgegengesetzt --- einen starken Faden von Seide um die Carotis resp. Schenkelarterie und schnüre die Arterie fest ab; zwei Zoll tiefer --- dem Herzen zu --- lege man einen zweiten Faden, knote denselben aber nicht, sondern mache eine, wenn auch starke, so doch leicht durch eine Schleife zu lösende Ligatur. Zwischen diesen beiden Ligaturen öffnet man mit einer auf der Fläche gebogenen kleinen Scheere, die mit einer Pincette aufgehobene Arterie, bringe die mit einem Korken verschlossene silberne Canüle --- dem Herzen zu --- in's Lumen der Arterie und bindet dieses silberne unten etwas knopfartig ausgebuchtetes, im Innern glattes Röhrchen fest ein. Ist dieses geschehen, so bedecke man, damit Canüle und Arterie zwischen beiden Liga-

---

[1]) *Creite*. Versuche über die Wirkung des Serumeiweisses nach Injection in das Blut. Zeitschrift für rationelle Medicin von Henle und von Pfeufer. Band 36. Leipzig 1869.

turen warm bleiben, Alles mit der abpräparirten Haut des Thieres.
Mit Hülfe des *Richardson*'schen gefühlslähmenden Douche-Apparates lege man jetzt beim zu transfundirenden Menschen durch einen Längsschnitt schmerzlos eine der grösseren Schenkelvenen frei, weil diese Venen $1/3$ weiter vom rechten Herzen sind, als die Oberarmvenen.

Jetzt schiebe man die bis dahin im warmen Wasser gelegene, gläserne sechszöllige Interpositionsröhre recht fest *auf* die im Arterienrohr des Thieres befindliche Canüle, öffne nun die schleifenartige Ligatur der Arterie, dann wird sofort ein kräftiger Blutstrahl die athmosphärische Luft aus Canüle und Interpositionsröhre treiben, worauf man diese perpendiculair nach unten hängende Interpositions-Röhre mit einem Korken absperrt.

Jetzt schneidet man mit einer auf der Fläche gebogenen kleinen Scheere die mit einer Pincette aufgehobene Schenkelvene quer an, setzt eine mit destillirtem Wasser gefüllte Canüle, deren konisches Ende diese Venenöffnung völlig verstopft in die Vene und lässt diese Canüle von einem Assistenten halten.

Darauf schiebe man die Interpositions-Röhre *in* die im Venenrohr befindliche Canüle und sofort wird das Ueberströmen beginnen, da das thierische Herz das Blut in die menschliche Vene treibt.

Da es aber vorkommen kann, dass die Widerstände in der Vene so gross werden können, dass das thierische Herz für sich allein nicht im Stande ist das Arterienblut in die Vene zu treiben, so gebrauche man die Vorsicht das Thier höher als den Menschen zu legen, weil dann noch das Gesetz der Schwere und die hydrostatische Druckhöhe mitwirken.

Die Strömung controlire man durch Betasten der Vene, denn so lange die Strömung anhält, empfindet man an dieser ein Rieseln. Das Eintreten eines Pulses ist in der Regel das Zeichen einer Stauung.

In einer Minute fliesst aus einem kräftigen Lamm oder kräftigem Kalbe bis 6 Unzen Blut in eine fremde Vene, desshalb habe man während des Ueberfliessens eine genau gehende Secundenuhr vor sich liegen.

Auch verschaffe man sich eine kräftige nicht blutscheue Assistens, welche den Kranken in volkommen ruhiger Lage zu halten hat, damit durch keine unruhige und ungestüme Bewegung desselben die Transfusion unterbrochen wird.

Die Wunde vereinige man durch die blutige Nath. Die geringste Entzündungserscheinung bekämpfe man mit Bleiwasser, Schnee oder Eis.

Sollte die Operation bald wiederholt werden müssen, so mache man dieselbe an dem anderen Oberschenkel; selbstverständlich verschaffe man sich dazu ein frisches Thier.

Es ist gewiss nicht in Abrede zu stellen, dass diese Operation ungemein einfach und leicht ist und ausser Phlebitis keine andere Gefahr zu befürchten steht.

Während des Niederschreibens dieser Studie erhielt ich die Dissertation von *Löwenthal*[1]).

In welcher Arbeit, die im Betreff der Transfusion nichts Neues enthält, *Löwenthal* folgende mit anscheinend stichhaltigen Experimenten belegte auffällige Sätze aufstellt.

1) Der Lufteintritt in das Venensistem ist vollkommen ungefährlich, wenn entfernt vom rechten Herzen (V. cruralis, brachialis, axillaris) stattfindet und ist *nur* an der Vena jugularis tödtlich;

2) Die eingedrungene und in's rechte Herz gelangte Luft tödtet durch Embolie der Lungenarterie resp. ihrer Verzweigungen, desshalb: Stauung im rechten Herzen, Stase im Venensystem, behinderter Zufluss des Blutes in's linke Herz, Hyperaemie und acute arterielle Anaemie der Centralorgane, Lähmung der Respirations- und Cirkulationscentren.

3) An keiner Vene des Körpers, ausser an der Jugularis erfolgt eine Aspiration der Luft, selbst wenn das Lumen der Vene durch eine Canüle offen erhalten wird.

Zu vorstehenden interessanten Sätzen gelangte *Löwenthal* durch folgende Versuche:

«1) injicirte ich einem Hunde von mittlerer Grösse eine bedeu-
«tende Quantität Luft (etwa 50 — 60 Ccm.) in die V. cruralis des
«linken Beins. Die Injection wurde ziemlich brüsk ausgeführt,
«hatte jedoch gar keinen Erfolg, d. h. der Hund blieb vollkom-
«men gesund;»

«2) spritzte ich einem andern kleineren Hunde dieselbe Quan-
«tität Luft in dieselbe Vene mit demselben Erfolg.

«3) Demselben Hunde, bei dem ich den ersten Versuch ange-
»stellt hatte, spritzte ich mehrere Tage später die gleiche Quan-

---

[1]) Dr. *Wilhelm Loewenthal*. Ueber die Transfusion. Heidelberg 1871.

«tität Luft in die V. cruralis des rechten Beins, mit demselben
«negativen Resultate.»

«4) Dasselbe Experiment an dem Hunde Nr. 2; Resultat das-
«selbe.»

«5) Dem ersten Hunde injicirte ich wiederum nach mehreren
«Tagen dieselbe Quantität Luft in eine starke Vene des linken
«Vorderbeins. Die Injection geschah langsam, aber ohne Absätze.
«Es ergab sich auch hier ein negatives Resultat: der Hund blieb
«vollständig wohl.»

«6) Injection von 25 — 30 Ccm. Luft in die V., axillaris (nahe
«dem Rumpfe) des zweiten Hundes. Negatives Resultat.»

«7) Injection von nur etwa 30 Ccm. Luft in die linke Jugular-
«vene des zu den 1. Versuch benuzten Hundes. Sofortiger Tod
«unter Convulsionen. Die Section ergab eine ziemliche Menge
«Luft im rechten Herzen nebst etwas schaumigen Blutes.»

«8) Einem ausgewachsenen Kaninchen injicirte ich etwa 20
«Ccm. Luft in die V. cruralis des linken Beins. Die Injection
«wurde mässig rasch ausgeführt und ergab ein negatives Resultat.
«Nach etwa einer halben Stunde öffnete ich demselben Kaninchen
«die Jugularis der linken Seite; unter hörbarem Zischen drang
«Luft ein und das Thier verschied nach einigen Zuckungen. Die
«sofort gemachte Eröffnung des Herzens ergab grössere Luftblasen
«und schaumiges Blut in dessen rechter Abtheilung.»

«9) Endlich vereinigte ich an einem grösseren Hunde im Verlaufe
«eines Nachmittags alle bisher angefürten Experimente, indem ich
«demselben zuerst ca. 60 Ccm. in die V. cruralis des rechten Beins,
«dann nach ungefähr einer halben Stunde ebensoviel in dieselbe
«Vene der linken Seite injicirte; der Hund zeigte nicht die mindeste
«Reaction auf diese Einspritzungen hin. Nach etwa einer Stunde
«injicirte ich demselben Hunde 50 Ccm. Luft in eine Vene, die
«in der Mitte der linken vorderen Extremitäten belegen war, nach
«einer halben Stunde that ich dasselbe an der V. axillaris der
«rechten Seite, — alle vier Injectionen ertrug der Hund ausge-
«zeichnet. Zugleich mit den Injectionen machte ich auch Versuche
«betreffs der Aspiration von Luft, indem ich eine Canüle
«in der Vene liegen liess, aber auch diese Versuche hatten ohne
«Ausnahme, also auch an der V. axillaris, einen negativen Erfolg.
«— Nachdem die vier Injectionen ausgeführt waren, blieb der
«Hund 1½ Stunden auf dem Operationstische angebunden liegen,

er athmete während dieser Zeit ganz ruhig und winselte nur von Zeit zu Zeit vor Schmerz. Nach diesem Zeitraume präparirte ich die V. jugularis int. der linken Seite frei und injicirte nahe der Clavicula ungefähr 20 Ccm. Luft; sofort änderte sich die Scene: der bis dahin ruhig athmende Hund bekam plötzlich heftige Dispnoe, starke Convulsionen, that noch einige krampfhafte Athemzüge, bei denen sich Thorax und Abdomen immer stärker wölbten, und verschied endlich, indem Thorax und Abdomen im Zustande der grösstmöglichen Inspirationstellung verharrten. Die sofort gemachte Eröffnung ergab Folgendes: im linken Herzen «ungemein wenig Blut von nicht schaumiger Beschaffenheit, keine «Luftblasen. Die V. jugularis int. sin. mit schaumigem Blut ge= «füllt, (unterhalb der Einstichstelle), die der rechten Seite strotzend «mit nicht schaumigem Blute angefüllt. Die Lungen fast ganz «blutleer, sehr hell, in den grossen Aesten der Lungenarterie bei= «derseits kein Blut, in den kleineren sehr wenig, überall Luftblasen «soweit ich die Vezweigungen verfolgen konnte; beim Querschnitt «quollen aus den luminibus der Zweige der Lungenarterie ebenfalls «Luftblasen. (Ich bin sicher, hierbei die Zweige der Art. pulmo= «nalis nicht etwa mit querdurchschnitten Bronchien verwechselt «zu haben, denn ich untersuchte nachträglich genau die Beschaf= «fenheit der Wandungen der Röhren, aus denen die Luftblasen «sich spontan und bei Druck entleerten). Die Vv. crurales zeigten «sich von der Injectionsstelle bis zur nächsten Klappe ganz leer «und zusammengefallen, von dort ab gewöhnliches Blut in reich= «licher Quantität.»

«Bei allen diesen Experimenten war ich ungemein vorsichtig «und aufmerksam, so dass ich mir fast unmöglich habe einen «Irrthum zu Schulden kommen lassen: ich präparirte die Vene «zuerst ganz frei, legte zwei Fäden lose um dieselbe, in den Zwi= «schenraum zwischen den Ligaturen stach ich die Canüle, an «welche die gut schliessende Spritze luftdicht angesetzt war, ein, «schloss dann die obere Ligatur, so dass die Venenwand der Ca= «nüle fast anlag, zog hierauf auch die untere Ligatur zu und inji= «cirte dann die bestimmte Quantität Luft auf einmal oder in meh= «reren Absätzen. Wenn ich die Spritze aus der Canüle entfernte, «um sie frisch zu füllen, geschah dies stets mit der grössten Vor= «sicht, die Canüle blieb offen liegen und wurde dann die gefüllte «Spritze wieder luftdicht derselben eingesetzt.»

Die wichtige Frage: wesshalb die eindringende Luft in die dem Herzzen entfernt liegenden Venen keinen Schaden ausübt, versucht *Löwenthal* folgendermassen zu lössen:

«1) Die eintretenden Luftblasen müssen nothwendig in ihrem «Laufe an den Einmündungsstellen an den Venen vorbei, nur «werden bei diesem Vorbeistreichen von dem sie schief treffendem «Blutstrome in kleinere Blasen zertheilt, da der Druck des Blutes «in dem vom rechten Herzen entfernten venösen System grösser «ist, als der die Lufttheilchen in der Luftblase zusammenhaltende «Druck. Dies ist zwar kein die Entfernung der Luft bedingendes «Moment, kann aber den gleich unter 2 und 3 auseinanderzuset-«zenden Modus der Elimination unterstützen, indem dadurch die «Luftblasen feiner zertheilt werden, sie also den einwirkenden «Kräfte eine grössere Oberfläche darbieten,

«2) die eingetretene Luft wird durch den im Gefässsysteme «herrschenden Seitendruck zur Diffusion durch die Gefässwandun-«gen in das umliegende Zellengewebe hinein vermocht. Oder

«3) die Luft wird von dem venösen Blute zersetzt und zwar «derart, dass sich das venöse Blut arterialisirt, der eingedrungenen «Luft also den Sauerstoff entzieht. Der dadurch freigewordene Stick-«stoff tritt entweder durch die Gefässwandungen, (was ihn noch «leichter wird, als der Luft in toto, da er specifisch leichter, 0,971, «ist), oder er wird, wie auch vielleicht noch etwas Sauerstoff, vom Blutserum absorbirt; denn dasselbe ist mit diesen beiden Gasen nur kaum gesättigt, also desto eher zur Absorbtion geneigt.

«Es sind dies Wege, auf denen möglicherweise die Luft als im freien Zustande aus den Gefässen entfernt wird, vielleicht wirkt nur ein oder das andere Moment, vielleicht wirken alle zusammen. Für die Gefährlichkeit des Lufteintritts in die Jugularis spräche dann der Umstand, dass das Blut auf dem kurzen Wege in's rechte Herz nicht die Zeit dazu habe, die eingedrungene Luft auf eine oder die andere Weise bei Seite zu schaffen.

«Wenn nun auch diese Erklärungsversuche nicht vollkommen befriedigen, so genügt für meinen Zweck doch die einfache «Thatsache: «dass die Luft das Leben nicht gefährde, wenn sie «in von dem rechten Herzen entfernte Venen eintritt», selbst wenn dies in grösserer Menge der Fall ist. Eine kleine Quantität von Luft kann sogar bis in's rechte Herz vordringen, und «ich halte es nicht für nothwendig, dass sie tödtlich wirke; denn da sie bei ihrer Einführung in die Art. pulmonalis nur in derselben Weise schädlich zu werden vermag wie andere Emboli, so kann sie ebenfalls, sobald nur ein kleiner Theil des Capillargebietes ausser Thätigkeit gesetzt wird, ebenso unschädlich für den Gesammtorganismus vorübergehen, wie die Verstopfung kleinerer Gefässbezirke durch Emboli anderer Arrt; auch hier wird der Verstopfung collaterale Fluxion und collaterales Oedem folgen, beides in ganz circumscripter Weise, so dass diese Folgezustände weder subjectiv noch objectiv zur Warnehmung gelangen».

Schon früher hat *Uterhart* in der Berliner klinischen Wochenschrift (№ 4. Januar 1870) diese für die Transfusion so wichtige Frage discutirt.

Uterhart stellt folgende Sätze auf:

«1) Grössere Quantitäten in eine vom Herzen entfernte Körpervene (Vena crural.) eingespritzt, werden ohne bemerkbaren Nachtheil auf den augenblicklichen Zustand und das spätere Befinden des Thieres ertragen.

«2 Verhältnissmässig geringe Quantitäten Luft in dem Herzen nahegelegenen Venen (Vena jugular. extern.) eingespritzt, tödten unter den bekannten Erscheinungen der Gehirnanaemie *(Panum).*

«3) Grössere Quantitäten Luft in Arterien eingespritzt, werden ohne Nachtheil ertragen, gleich gut ob die Gefässe nah oder entfernt vom Herzen liegen, und gleich gut, ob die Injection in das peripherische oder centrale Ende des Gefässes gemacht wird»,

Diese Angaben hat *Uterhart* selbstverständlich mit Experimenten belegt.

Löwenthal und *Uterhart* scheinen nicht gewusst zu haben, dass schon im Jahre 1818 *Blundell*[1]) berichtet, dass in Folge mehrfacher Experimente, welche *Dr. Haighton* bestätigte, wiederholte Enspritzungen von wenig Luft, (1 bis 2 Drachmen) in die Femoralvene, zumal wenn dieselbe mit dem Munde eingeblasen wurde keine erblichen Zufälle veranlasse.

Es sind also die Versuche von *Löwenthal* u. *Uterhart* nicht ganz neu.

Trotz der beweisend scheinenden Versuche *Löwenthals* ist sein Ausspruch, dass der Lufteintritt in das Venensystem *nur* in der Vena jugularis tödtlich wirkt nicht richtig, denn auch der Lufteintrit in den Uterinvenen ist tödtlich.

---

[1]) Med. and chirurg. Transactions. London, Vol.IX part I. pag. 65,66.

Professor *Olshausen*¹) in Halle zählt allein zwölf tödtliche Fälle von Lufteindringen auf, darunter mehrere Fälle wo die Luft vermittelst Chlysopompes eingepumpt wurde.

Nach *Olshausen* ist es höchst wahrscheinlich, dass ein Lufteintritt in die Uterusvenen nicht so selten vorkommt und dass manche Zufälle und viele bisher durch die Annahme eines Collapsus post partum erklärten Todesfälle vom genannten Ereigniss abhängt.

Dasselbe meinte schon früher Cless²) in seiner interessanten Schrift.

Auch *Massart*³) hat, wie ich aus Cannstatts Jahresbericht für 1854. (Würtzburg 1855 III pag. 149) ersehe die Frage des Lufteintritts in die Vene bearbeitet. Leider stand mir die Originalarbeit nicht zur Verfügung, ich gebe also nur im Nachfolgenden das was ich im genanten Jahresbericht fand.

Massart kommt zu den Schlüssen:

a) Der Tod erfolgt augenblicklich: 7 Fälle, darunter einer, wo bei einer Puerpera die Luft in Folge einer Injection in den Uterus in die Uterinvene eindrang.

b) Der Tod erfolgt nicht augenblicklich, sondern erst nach einiger Zeit. *Massart* theilt einen dem provinc. méd. and surgical Journal entlehnten Fall mit, in dem der Tod erst nach 6 — 7 Stunden erfolgte.

c) Der Tod erfolgt garnicht, weil die Menge der eingetretenen Luft dazu nicht hinreichte.

Nach *Billroth*⁴) kann auch bei chirurgischen Operationen die Luft in die Axillar-Vene eintreten, denn *Billroth* sagt pag 26:

«Unter einem hörbaren quirlenden Geräusch bei Eröffnung grosser Hals- oder Axillar-Venen der Verletzte sofort bewusstlos zusammen stürzt und nur in wenigen Fällen durch sofortige künstliche Respiration und anderen Belebungsmitteln wieder zum Leben zurückgerufen werden kann».

---

¹) *Olshausen* Ueber Lufteintritt in die Uterus-Venen. Monatsschrift für Geburtskunde. November 1864.

²) *G. Cless*. Luft im Blute. Stuttgart 1854.

³) *Massart*. Etude nouvelle sur l'entrée de l'air dans les veines: dan le cas de plaie ou d'operation chirurgicale. Annales de société de méd. d'Anvers. 1854. Janvier, Février, Mars.

⁴) *Billroth*. Allgem. chirurg. Pathologie und Therapie. Berlin 1865.

Kettler[1]) hat in seiner Dissertation eine Reihe von Beobachtungen von Lufteintritt nach chirurgischen Operationen niedergelegt; jedoch keinen Fall aufgeführt, der den Uterhart-Löwenthal'schen Ansichten widersprochen hätte; auch finde ich nirgend in der Litteratur einen derartigen Fall verzeichnet.

Die Mittheilung von *Wattmann*[2]), dass Czermak bei Experimenten an Thieren die Luft durch die verwundete Schenkelvene mit nachfolgendem Tetanus und Tod *eindringen* gesehen habe ist so vag und unbestimmt, dass diese Mittheilung nicht die Uterhart-Löwenthal'schen Experimente umstossen kann.

Nichts destoweniger haben mich weder die Uterhart'schen noch Löwenthal'schen Versuche derartig überzeugen hönnen, als ob der Lufteintritt in all den übrigen Venen absolut harmlos sei. Es scheint mir doch bedenklich die Quantität der eingetretenen Luft in Betracht zu ziehen.

Ich würde den Satz daher so fassen:

Der Lufteintritt in das Venensystem ist im Allgemeinen vollkommen ungefährlich, wenn nur geringe Mengen Luft eingetreten sind. Tödtlich wirkt selbst ein ganz geringer Lufteintritt in die Jugular-, Axillar- und Uterin-Venen; bei Eröffnung derselbe kann auch eine tödtlich wirkende Aspiration von Luft stattfinden, welches am übrigen Venensystem nicht vorkommt.

Dies würde mit den Ansichten *Scheel*'s (l. c. pag. 240) übereinstimmen, denn derselbe sagt: «das Eindringen einer kleinen Quantität Luft in die Adern, ist nicht gefährlich; in die Adern gebrachte Luft tödtet nur dann, wenn sie in so grosser Quantität in's Herz kommt, dass der Blutumlauf dadurch unterbrochen wird».

Vorstehendes hatte ich im August (1871) niedergeschrieben. Wärend des Druckes erhielt ich die Löwenthal'sche Berichtigung in der Berliner klinischen Wochenschrift[3]) vom 8. October 1871 welche meinen vorsichtigen Ausspruch bestätigt.

---

[1]) *Kettler* Dissertatio de vi aeris in venas animal. hominumque intrantis. Dorpatii 1839.
[2]) *v Wattmann*. Sicheres Heilverfahren etc. etc. Wien 1843. pag. 18.
[3]) *Wilh. Löwenthal* in Heidelberg. Ein Beitrag zur Lehre von Transfusion des Blutes Berliner klinische Wochenschrift 1871. Nr. 41.

Da dieser kleine Aufsatz von *Löwenthal* für die Technik der Transfusion im Betreff der Gefahr des Lufteintritts sehr wichtig ist, so muss ich denselben sehr eingehend referiren.

Ich übergehe das einleitende Raisonnement *Löwenthals* und führe gleich die Casuistik an:

«1) Ein berühmter deutscher Operateur macht bei einem im «letzten Kriege verwundeten, durch längere Eiterung gänzlich «heruntergekommenen, dem Tode verfallenen Soldaten die Transfusion mit dem Belina'schen Apparat.

«Durch einen unglücklichen Zufall (entweder eine plötzliche «Bewegung des Kranken oder des Apparates) wich, als nur noch «wenig Blut im Apparat vorhanden war, dieses von der inneren «Ausflussöffnung des Glascylinders und gestattete somit der Luft «den Eintritt, welche denn auch in bedeutender Quantität, unter «hohem Drucke und mit hörbaren Zischen in die Vene des «Vorderarmes, welche zur Transfusion benutzt wurde, eindrang. Der Operateur — wie er mir selbst sagte — in Sicherheit eingewiegt durch das Resultat meiner Untersuchungen über die Tragweite des Lufteintritts in die Venen am Arm war sehr erstaunt, als der Patient nach wenigen Secunden puls- und respirationslos wurde, und unter den Erscheinungen der Apnoe seinen Geist aufgab. Die Section ergab den für den Tod durch Lufteintritt charakteristischen Befund: Viel Luft und fast gar kein Blut im rechten Herzen, die Lunge ganz blutleer und ihre grossen Arterienstämme mit Luft gefüllt, venöse Hyperaemie in allen anderen Organen. In diesem Falle war der Tod unzweifelhaft bedingt durch die unter hohem Drucke und in bedeutender Quantität eingetretene Luft in einer Vene des Vorderarmes.

«2) Ein anderer geschätzter Herr College theilte mir einen Fall aus seiner Privatpraxis mit: Bei einen sehr herabgekommen und anaemischen Phthisiker im letzten Stadium machte er die Transfusion in eine Vene der Ellenbogenbeuge, ebenfalls mittelst des Belina'schen Apparates. Derselbe war nach *Belina's* Angaben «mit einem gefütterten Wachstuchüberzuge versehen, um das Erkalten des Blutes zu verhindern, welcher Ueberzug aber, schlecht «gearbeitet, den Einblick in die Glasröhre und auf den Stand des «Blutes behinderte, um so mehr, als ein Assistent des Operateurs «in dem concreten Falle den Glascylinder hielt und eine genaue «Controlle fast ganz unmöglich machte. So wurde das Blut in die Vene eingepumpt, indem man nicht darauf achtete, dass dasselbe bald zu Ende sei, wurde mit der letzten Quantität Blut eine grosse Menge Luft in die Vene gepresst und erst das unheimliche, zischende Geräusch der eindringenden Luft veranlasste den Operateur, den Apparat schleunigst zu entfernen. Nach einigen Secunden fiel der Patient zurück, bohrte den Kopf in die Kissen, die Pupille wurde weit und starr, die Respiration und die Herzaction hörten auf. Direct nach dem Einströmen der Luft hörte der Operateur mit dem aufgelegten Ohr am rechten Herzen deutlich das gurrende Geräusch, welches ensteht, wenn sich Flüssigkeit mit Luftblasen vermengt.

«Die künstliche Respiration wurde sofort in's Werk gesetzt und unverdrossen fortgeführt, trotzdem es in der ersten Zeit schien, als ob sie ohne jedes Resultat bleiben wollte; nach etwa einer Viertelstunde aber hatte der Operateur die Freude, die Herztöne wieder ziemlich kräftig hören zu können, und nach einer halben Stunde war der Patient wieder vollständig bei Bewusstsein und im Stande, selbst gut und unbehindert zu respiriren. Der Kranke lebte nach der Transfusion noch acht Tage; hatte keinerlei Brustbeschwerden ausser den durch seine Phthise bedingten, befand sich viel besser, als vor der Operation, hatte besseren Appetit u. s. w. Die Section ergab ausser den bekannten Veränderungen der Lungen bei hochgradiger chronisch käsiger Pneumonie keine sonstigen Anomalien. — Hier war der Tod, unzweifelhaft nicht durch den Lufteintritt bedingt, trotzdem der gleich nach dem Einströmen der Luft aufgetretenen Erstickungsanfall entschieden dieser seine Entstehung verdankte.

«3) Am 15. Juni d. J. wurde die 24 Jahre alte Dienstmagd Christine M. von Z. in die Frauenabtheilung der medicinischen Klinik aufgenommen. Sie hatte hier in einem Hause gedient, dessen Abtrittsgrube geborsten war; obgleich gewarnt, trank Patientin doch häufig von dem Wasser dieses Brunnens, während die anderen Hausbewohner sich des Genusses desselben enthielten und (ob post oder propter hoc bleibe dahingestellt) gesund geblieben. Patientin, die sonst stets gesund gewesen war, erkrankte am 9. Juni mit mässigem Frost, Kopfweh, Schwindel, Appetitlosigkeit und Durstvermehrung . . . .
. . ? . . . .

«Am Abend des 13. Juli (34. Krankheitstag, 4. Tag des Recidivs) erhielt Pat. ein mild abkühlendes Bad von 25 Grad R. mit einer kühlen Begiessung und Abreibungen im Bade. Temp. vor demselben 40,5 direct nach demselben 38,6. Pat. beklagte sich auch überdies in dem Bad und behauptete Leibweh darauf zu bekommen, 14 Stunden nach dem Bade erfolgte bei einer Pulsfrequenz von 156 in der Minute eine sehr profuse Enterohämorrhagie; es wurden drei dünne Stühle entleert, die sehr viel (etwa 24—30 Unzen) Blut enthielten, darunter ganz grosse Gerinnsel. Die Kranke erhielt sofort das in der hiesigen Klinik am öftersten und fast stets mit gutem Erfolg angewendete Mittel: Plumb. acetic. 0,2, Sacch. alb. 0,5. Alle 1½ Stunde 1 Pulver zu nehmen. In concreto hatte das Mittel aber nur einen vorübergehenden Erfolg: während dreier Tage hielt die profuse Darmblutung an und nur einmal wurde die Reihenfolge der sehr stark blutigen Stühle durch zwei weniger blutführende unterbrochen; im Ganzen wurden bis zum 16. Juli (37 Krankheitstage, 9 Tage des Recidivs) 8 dünne Stühle mit sehr viel Blut und 3 mit weniger Blut entleert, so dass vielleicht 50—68 Unzen reines Blut dem Körper entzogen wurden. Die Temp. sank auf 38,4 die Pulsfrequenz aber stieg auf 160 Schläge in der Minute. . .

. . . .

. . . .

«Die Kranke wurde immer anaemischer, der Puls schlechter und schlechter; sie klagte über Ohrensausen und Verschlechterung des Hörens. Die Gesichtszüge ganz verfallen, ihr Ausdruck ein unsäglich schlechter und leidender, dabei apathischer, die Blutung in dem Darm dauerte augenscheinlich fort, und wollte ich die Pat. nicht innerhalb der nächsten Stunde vor meinen Augen an Blutarmuth zu Grunde gehen sehen, so musste ich die letzte Möglichkeit der Hülfe ergreifen und der Kranken neues Blut zuführen. Um 2 Uhr Nachmittags (am 16. Juli) führte ich denn die Transfusion aus, wobei mir nur mein College von der Männerabtheilung der Klinik assistirte. Eine der relativ am stärksten vorspringenden Venen an der Innenseite des linken Oberarmes wurde durch den indirecten Schnitt eröffnet, und da ich keinen anderen als den Belina'schen Apparat zu Hand hatte, so injicirte ich mit diesem 350 Ccm. defibrinirtes und auf 37—38 Gr. C.

erwärmtes Blut, das einer Wärterin entnommen war. Die Kranke reagirte während der Injection nicht so recht auf den Zutritt des neuen Blutes, wie ich es sonst bei Transfusionen zu beobachten Gelegenheit hatte, nur einmal sprach sie von einem von der Injectionsstelle ausgehenden Wärmegefühle. Ich hatte während der Operation nicht nur den Glascylinder zu halten und am Kautschukballen zu pumpen, sondern auch noch den Gesichtsausdruck und den Puls der Patientin am anderen Arm zu controliren, und in einem solchen Momente, als noch etwa 100 C. Blut in der Röhre waren, verschob sich die Flüssigkeitsschicht von der inneren Ausflussöffnung (wie das kam, ob durch eine Bewegung der Patientin oder eine solche von meiner Seite weiss ich heute noch nicht), und das entsetzliche Zischen der einströmenden oder vielmehr eingepressten Luft machte mich erbeben. Ich zog zwar blitzschnell den Apparat aus der Vene, als der erste Ton der eindringenden Luft mein Ohr traf, aber es war mir doch sofort klar, dass eine bedeutende Quantität derselben Eingang gefunden hatte. Nach wenigen Secunden sank die Kranke wie sterbend in die Kissen zurück, die Pupillen wurden weit und starr, Respiration hörte auf; während dieser Vorgänge hörte mein College sowohl als auch ich das Gurren der Luftblasen im rechten Herzen mit dem aufgelegten Ohre, welches Phaenomen aber schon nach wenigen Secunden wieder verschwunden war. Die künstliche Respiration wurde inzwischen sofort eingeleitet, zuerst mittelst der Hände dann mit Hülfe des Inductionsstromes, ich machte subcutane Aetherinjectionen in die Extremitäten, und nach $1^1/_2$ Minuten etwa kehrten Puls, Respiration und Bewusstsein der Kranken wieder; sie befand sich völlig wohl, der Puls war bedeutend besser als vor der Operation, die Temperatur, welche kurz vor der Transfusion 38,4 betrug, stieg kurze Zeit nach derselben auf 39,8. Die Kranke verlangte zu essen, was sie schon seit zwei Tagen nicht mehr gethan hatte. — Dann erfolgte aber noch eine Stuhlentleerung, die fast nur aus geronnenen und flüssigem Blute bestand, in's Bett; der Puls, welcher bis gegen 5 Uhr Nachmittags gut geblieben war, wurde fortwährend schlechter; die Kranke collabirte trotz aller Excitantien, die innerlich und subcutan applicirt wurden, mehr und mehr, und verschied endlich um 8 Uhr Abends (6 Stunden nach der Operation) unter den Erscheinungen des Collapsus; in der ganzen Zwischenzeit hatte sich keine Spur

«von Athembeschwerden eingestellt, der Puls schlug immer lang-
«samer und schwächer, die Respirationspausen wurden länger und
«länger, und endlich sistirten Puls und Respiration für immer."
 «Die anatomische Diagnose in Folge der von Professor Julius
«Arnold gemachten Section war: «Ileo-Colotyphus, starke Blutun-
«gen in's Colon, beträchtliche Anämie sämmtlicher Organe.»

«In diesem Falle, fährt *Löwenthal* fort, ist eine Controverse
«darüber möglich, ob der Lufteintritt den Tod bedingt habe oder
«nicht. Ich glaube Letzteres, denn der erste unzweifelhaft durch
«den Lufteintritt erzeugte Anfall ging spurlos vorüber, der Puls
«hob sich nachher und in der Zwischenzeit bis zum Tode war
«auch keine Spur von Respirationsbeschwerden vorhanden, es ist
«mir desshalb auch eine Embolie der kleineren Verzweigungen
«der Art. pulmonalis und ihrer Capillaren, an die noch gedacht
«werden könnte, sehr wenig wahrscheinlich. Ich stelle mir im
«Gegentheile den Process folgendermassen vor: Die Transfusion
«hatte ihren Erfolg und hob das Befinden, hielt die Lebensfähig-
«keit so lange aufrecht, bis eine neue Blutung in's Colon erfolgte
«(womit wohl das Schlechterwerden des Pulses 3 Stunden nach
«der Operation zusammenhing), wodurch der Status quoante wie-
«der hergestellt wurde, der Tod erfolgte dann durch Anämie.
«Wäre die Transfusion nicht gemacht worden, so wäre die Leta-
«lität einige Stunden früher eingetreten, und hätte die Blutung
«nach der Operation gestanden, so wäre der Tod vielleicht gar
«nicht erfolgt. Diese Ansicht über den Verlauf dieses Falles
«theilte auch Herr Prof. *Arnold.*

«Diese drei Fälle, in denen der Lufteintritt in eine Armvene
«sehr bedenkliche Zufälle, in dem ersten selbst den directen Tod
»herbeiführte, sind gewiss sehr lehrreich. Wie stimmen nun hierzu
«die Experimente von *Uterhart* und mir, welche unzweifelhaft die
«Ungefährlichkeit des Lufteintritts in alle Venen des Körpers
«ausser in die Jugularis darthaten.

«Ich erkläre mir die Facta folgendermassen: Ich experimen-
tirte mit einer gewöhnlichen Glassspritze, deren Stempel ich vor-
«wärts schob und mit der ich auf einmal etwa 30 Ccm. Luft (an
«den Vorderbeinen der Thiere langsam) injicirte. Die so ein-
«geführte Luft kam nicht bis zum rechten Herzen, sondern wurde
«unterwegs eliminirt, so schloss ich, da die Blutinjection in die
«Jugularis, wobei die Luft direct und sofort in's rechte Herz ge-

langt, immer tödtlich war. Ich folgerte daraus, dass der Lufteintritt in alle Körpervenen, die Jugularis ausgenommen, unschädlich sei, und empfahl desshalb zur Ausführung der Transfusion selbst eine gewöhnliche Spritze, da die Luft, wenn hierbei überhaupt welche eindränge, nur unter denselben Verhältnissen eintreten, und desshalb nicht schädlich wirken könne. Soweit hat der in meiner erwähnten Arbeit aufgestellte Satz auch seine vollkommene Richtigkeit, nur versäumte ich, auch andere Verhältnisse in Betracht zu ziehen, — und solche geänderte Umstände treten bei dem Belina'schen Apparate allerdings in Kraft. Während bei der gewöhnlichen Spritze die pressende Kraft (der Stempel) direct auf das Blut einwirkt und mit dem Einströmen des Blutes auch die Kraft verbraucht ist, wird bei dem Belina'schen Apparate, die zum Ueberwinden des Widerstandes, welchen das Gefässystem im lebenden Körper dem Eindringen des Blutes entgegensetzt, nöthige Kraft erst zur Compression der in dem Glassylinder befindlichen Luft verwendet, und der Druck der comprimirten Luft wirkt erst auf die im Glascylinder befindliche Blutsäule und presst sie in den Körper hinein. Gelangt nun die Luft durch irgend einen Zufall an Stelle der Flüssigkeit in das Lumen der inneren Ausflussöffnung, so kommt die durch die vorherige Compression der Luft gebundene Kraft zur Geltung und presst die Luft in die Vene hinein. Die eintretende Luft ist dann immer in bedeutenderer Quantität vorhanden und schiesst, da sie unter hohem Drucke steht, mit viel bedeutenderer Gewalt vorwärts, kann somit eher direct in's rechte Herz gelangen und Embolie der Arteria pulmonalis herbeiführen, gerade wie die unter gewöhnlichem Drucke in die Jugularis eingetretene Luft. — Oder mit anderen Worten und kürzer gesagt; die bei Ausführung der Transfusion mit einer gewöhnlichen Spritze eintretende Luft (wenn dies überhaupt vorkommt) ist immer nur in minimalen Quantitäten vorhanden und steht unter keinem besonderen Drucke; die durch den *Belina*'schen Apparat aber eindringende ist immer gleich in bedeutenderen Quantitäten vorhanden und steht unter einem hohen Druck. Die experimentelle Probe hierauf kann man leicht machen: Giesst man den Glascylinder des *Belina*'schen Apparates halb voll Wasser und hält ihn mit der geöffneten Ausflussöffnung nach unten, so fliesst das Wasser in einem ganz gelinden Strahle aus, pumpt man aber einen Theil des Wassers in einen

«Gummiballon, den man dadurch ausdehnt (wodurch der Widerstand des Gefässsystems in freilich roher Weise ersetzt ist), und entfernt man dann den Apparat plötzlich, ohne weiter zu pumpen, so schiesst das Wasser in einem starken Strahle heraus. Dasselbe gilt natürlich auch für die Luft, wenn diese bei Ausführung der Transfusion in das Lumen der Ausflussöffnung gelangt, nur pumpt man bei wirklicher Ausführung der Operation, nicht wissend, dass im Momente Luft statt Blut vor der Ausflussöffnung steht, noch einen Moment weiter und setzt somit die einströmende Luft unter höherem Druck.

«Aus allen den angeführten Thatsachen ergiebt sich daher Folgendes:

«1) Der Lufteintritt in die vom rechten Herzen entfernten Venen (speciell die des Armes) ist unschädlich, wenn die Luft nur in geringer Quantität und unter schwachem Drucke eintritt, wie dies bei der gewöhnlichen Spritze der Fall sein kann; schädlich, selbst tödtlich kann sie bei dem Eintritte in dieselben Venen wirken, wenn sie in grösserer Menge und unter starkem Drucke eindringt, wie dies bei dem *Belina*'schen Apparate möglich ist.

«2) Die Spritze in ihrer ganz gewöhnlichen Art ist daher bei Ausführung der Transfusion nicht nur dem *Belina*'schen vorzuziehen, weil sie billiger und bequemer als dieser ist, sondern der *Belina*'sche Apparat ist unbedingt zu verwerfen, weil er gar keinen Vortheil vor der Spritze voraus hat und ausser sehr vielen anderen Nachtheilen noch den bietet, dass er durch einen unglücklichen Zufall den Kranken direct tödten kann. Ein solcher Zufall ist zwar, wie ich nicht leugnen will, nicht Schuld des Apparates, sondern die des Operateurs, aber trotzdem ist jedes Instrument, das überhaupt gefährlich werden kann, entschieden zu verwerfen, wenn wir an Stelle desselben andere benutzen können, die vollkommen ungefährlich, ausserdem noch billiger, bequemer und dauerhafter sind.

«Ich halte die aus diesen Krankengeschichten resultirenden Erfahrungen für viel zu wichtig, als dass ich sie der Oeffentlichkeit vorenthalten dürfte, und übergebe sie daher derselben in der Hoffnung, dass weiterem Unheil durch den *Belina*'schen Apparat dadurch vorgebeugt werden könne.»

Soweit *Löwenthal* in Heidelberg.

In der That sind diese Aussetzungen *Loewenthal's* an dem *Belina*'schen Apparate völlig zutreffend, wie man leicht aus einem Vergleiche mit meinem „Transfusor" ersehen kann:

Fig. XVI. Fig. XVII.

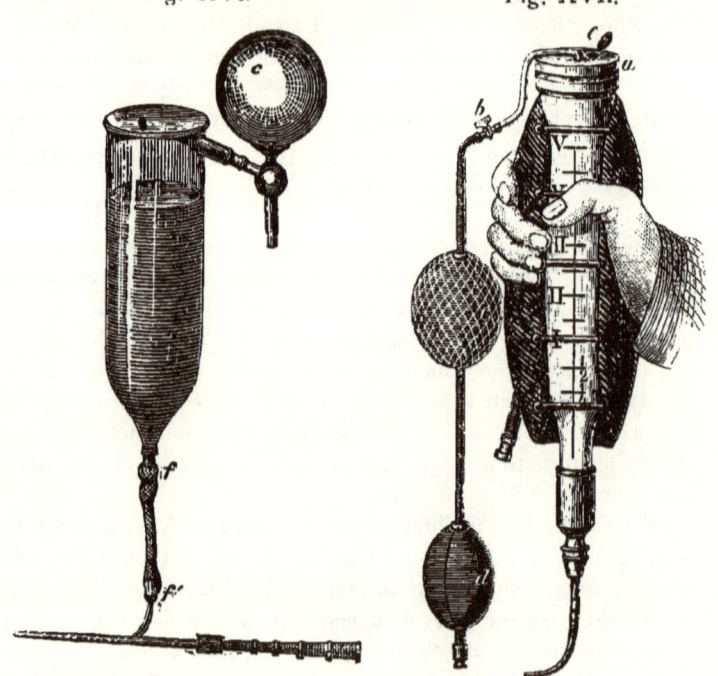

Wie vorstehende Figuren zeigen, ist:

1) der *Belina*'sche Apparat bauchiger, flaschenartiger, als der meine, der mehr einer schmalen gradirten Glasröhre gleicht, wodurch der **Transfusor** handlicher sein dürfte, als der *Belina*'sche Apparat.

2) der *Belina*'sche Apparat hat keinen gedoppelten, gummirten Mantel aus weisser Seide zum Füllen mit warmem Wasser, um dem Blute die eigene Wärme zu erhalten, sondern «die Flasche» soll mit «einem wollenen Ueberzug, an welchem ein Einschnitt angebracht ist, um das Niveau des Blutes zu sehen», versehen werden. Abgesehen nun davon, ob auch ein wollener Ueberzug wirklich das Sinken der Blutwärme hinreichend verhindert, müsste dieser wollene Ueberzug absolut aus *weisser* Wolle verfer-

tigt werden, weil sonst das schwarze dunkle Venenblut nur bei der schärfsten Beleuchtung vom dunklem Woll-Hintergrunde abstechenwürde, ausserdem müsste dieser Ueberzug recht fest und strammdie Flasche umschliessen, widrigenfalls derselbe sich während der Transfusion häufig verschieben würde, und so dem Operateur stets das Gesichtsfeld verdecken dürfte.

3) Geschieht der Austritt des Blutes aus meinem Transfusor und der Eintritt in das Venensystem durch das Gesetz der Schwere — durch die eigene hydrostatische Druckhöhe — nicht etwa durch *Luftcompressionsdruck*, denn da im Deckel des *Belina*'schen Apparates keine Oeffnung ist, welche das Zuströmen der athmosphärischen Luft erlaubt, so würde *ohne* Compressionsdruck aus dem Apparat nur soviel Blut langsam ausfliessen als athmosphärische Luft noch im Apparate und im Luftcompressions-Ballon vorhanden; neue athmosphärische Luft strömt bekanntlich nur durch Compression des Ballons hinzu, weil dann erst die hermetisch schliessende Luftsaugklappe im Ballon sich öffnet und so erst das Lufteinströmen erlaubt.

Nur in den sehr seltenen Fällen, wenn durch irgend einen physiologischen Widerstand im Venensystem die hydrostatische Druckhöhe des Blutes für sich allein nicht im Stande ist diesen ab und zu auftretenden Venenwiderstand zu überwinden, wendet man erst bei meinem „Transfusor" als treibende Kraft — sehr vorsichtig — die Gummidruckpumpe an.

4) Befindet sich am *Belina*'schen Apparat, wie die Abbildung zeigt, ein kurzer Gummischlauch zwischen Flasche und Canüle. Abgesehen nun davon, dass das Durchpassiren von Blut durch Gummi wegen der leichten Gerinnselbildung verwerflich ist, erlaubt nun leider dieser elastische Schlauch, dass man den Apparat nicht nur schräge halten kann, sondern auch, dass man durch irgend eine ungetsüme Bewegung des Kranken die Flasche wider Willen nicht mehr perpendiculär halten kann; in Folge dessen weicht natürlich das Blut in der bauchigen Flasche zurück und die comprimirte Luft fährt mit furchtbarer Gewalt wegen des dann aufgehobenen Widerstandes des Blutes in das Venensystem. Bei meinem „Transfusor" ist jedoch solch ein schreckliches Vorkommniss unmöglich, weil die **Luft im Allgemeinen** nicht comprimirt wird, und würde sie im Apparat gezwungenerweise auf einige Augenblicke comprimirt werden müssen,

so wird stets und ständig die schmale Röhre *senkrecht* in der vom Assistenten gehaltenen Canüle stehen, widrigenfalls die Röhre ja (wegen der fehlenden Elasticität aus der Canüle treten müsste.

5) Befindet sich an dem *Belina*'schen Apparat noch eine Stilettkanüle, über deren Nachtheile schon früher gesprochen worden ist.

Was nun die *Löwenthal*'sche Verherrlichung der gewöhnlichen Spritzen zur Transfusion betrifft, so sind solche Lobeserhebungen schon vorhin hinreichend gewürdigt worden.

Ich denke, man wird mir allseitig beistimmen, dass mein «Transfusor» sämmtliche Forderungen, die an einen guten und sicheren Transfusions-Apparat zu stellen sind, am vollkommensten in sich vereinigt.

Professor *Hüter*[1]) in Greifswald, der bis jetzt mehr denn 12 Transfusionen an Menschen ausführte, redet in den letzten Jahren, nachdem er 1866 gehört hatte, dass *v. Graefe* in einem Choleralazarethe bei Sterbenden die Transfusion in die Arteria radialis gemacht hatte,[2]) der *«arteriellen Transfusion»* das Wort.

Hüter schwärmt keineswegs, wie derselbe sich auszudrücken beliebt, «für neue Erfindungen von Spritzen, Canülen, Troicarts, «Schröpfköpfen» u. s. w.; schon aus dem Mangel einer jeden Abbildung auf den nachfolgenden Seiten seiner Publication könne der Leser die beruhigende Ueberzeugung gewinnen, dass er nicht mit der Beschreibung neuer Apparate belästigt werden wird. (Sic! Verf.)

Nun, das ist ja recht angenehm, beweist aber doch weiter Nichts, als dass Professor *Hüter* eben keinen neuen Apparat erfunden hat, denn sonst würde er denselben doch wohl schwerlich dem «Leser» vorenthalten haben.

Hüter bringt jedoch den «Leser», dem es um die Einführung der Transfusion zu einer allgemein gebräuchlichen Operation ernsthaft zu thun ist, in grössere Unruhe, als es irgend Jemand mit der Beschreibung eines neuen Apparates vermocht hätte,

---

[1]) Centralblatt für die medicin. Wissenschaft. 1869, № 25., sowie *C. Hüter*: die arterielle Transfusion, Archiv für klinische Chirurgie, 12. Bd., 1. Heft. Berlin 1870.

[2]) Leider sind diese erfolglosen *v. Graefe'schen* Transfusionen mit defibrinirtem Blute nirgendwo veröffentlicht; ich kann daher dieselben zu meiner weiter unten folgenden Tabelle nicht benutzen.

denn *Hüter* wirkt mit seiner energischen Anpreisung der «arteriellen Transfusion» verwirrend, also zurückschreckend vor der Transfusion. Um diese zu beweisen, brauchen wir uns nur die Neuerung etwas genauer anzuziehen:

«Als arterielle Transfusion, sagt wörtlich *Hüter*, schlage ich «vor, diejenige Methode der Transfusion zu bezeichnen, bei wel- «cher das aus der Vene eines gesunden Menschen entnommene «Blut in eine Arterie des Kranken eingeführt wird. Der Würdi- «gung dieser bisher fast unbekannten Methode muss eine kurze «Beschreibung des Verfahrens vorausgehen.

«Nachdem ich den Aderlass am Gesunden gemacht und das «nöthige Blut genommen habe, überlasse ich die Sorge der Defi- «brination[1]) mittelst Quirlens und der Filtration durch Leinwand- «filter einem mit solchen Arbeiten vertrauten Collegen und be- nutze die hierzu nothwendige Zeit zur Freilegung der Arterie bei «dem zu transfundirenden Kranken. Ich wähle hierzu entweder «die Arteria radialis dicht oberhalb des Handgelenkes, oder die «Art. tibialis post. unterhalb des Malleolus int. Ob die eine oder «die andere Arterie den Vorzug verdient, wird weiter unten erör- «tert werden. Hier sei nur bemerkt, dass die Freilegung der Ar- «teria tibialis post. keine wesentlich erheblicheren Schwierigkeiten «darbietet, als die der Arteria radialis. Wie leicht die letztere auf- «gefunden werden kann, ist bekannt genug; um mit ähnlicher «Leichtigkeit die Arteria tibialis post. unter dem Malleol. int. auf- «finden zu können, bedarf es nur einiger Vorübung an der Leiche. «Fühlt man die Pulsation der Arterie am Lebenden, z. B. bei starker «Anämie, nicht, so kann man sich nach einer Linie orientiren, «welche man vom tiefsten Punkte des Malleolus int. senkrecht «zum Verlauf der Arterie bis zum inneren Rande des Calcaneus »zieht. Genau in der Mitte dieser Linie liegt die Arterie und

---

[1]) «Ich kann nicht recht begreifen, wie man darüber streiten kann, ob zur Transfu- «sion defibrinirtes oder nicht defibrinirtes Blut zu benutzen sei. Sind Gerinnsel im «Blut — und ich wüsste nicht, wie man ohne Defibrination ihre Bildung mit genü- «gender Sicherheit verhindern könnte, — so verlegen sie entweder die Canüle oder «sie gehen in die Circulation über und führen nothwendiger Weise embolische Pro- «cesse herbei. Sollten Lungen-, oder Milz- oder Niereninfarcte vielleicht von einem be- «sonderen Nutzen für den Kranken sein? Bei meinem Verfahren wird freilich die Ge- «fahr der Embolieen auf ein Minimum reducirt und doch ziehe ich es vor, auch vor «diesem Minimum den Kranken zu schützen. Ich komme auf diesen Punkt noch «zurück». (So lautet wörtlich das *Hüter*'sche Raisonnement. Verf.)

«wird durch einen der Convexität des unteren Malleolenrandes
«parallel laufenden flachen Bogenschnitt nach Trennung der
«Fascie freigelegt. Nur selten geschieht es, dass bei der Freile-
«gung der genanten Arterien kleine abgehende Aeste derselben
«oder der begleitenden Venen verletzt werden. doch erfordert
«das weitere Vorgehen die minutiöse Beseitigung dieser kleinen
«Blutungen durch Compression oder Ligatur. Ist an einer Stelle
«die Arterienscheide von der Adventitia getrennt, so schiebe ich
«eine Sonde unter die Arterie, isolire sie vollständig und setze
«diese Isolation mit Hülfe der Sonde, des Messers und der
«Scheere so lange fort, bis ich die Sonde auf die Länge von 2
«bis 3 Ctm. frei unter dem Artienrohr hin und her schieben kann.
«Zur Sicherung der nachfolgenden Acte scheint es mir nothwen-
«dig, in der angegebenen Weise ein wirkliches Arterienpräparat
«herzustellen. Nun schiebe ich 4 gut gewichste und auf ihre
«Haltbarkeit geprüfte Seidenfäden hinter dem Arterienrohr her.
«Drei dieser Fäden haben ihre bestimmte Mission; der vierte
«ist ein Reservefaden, welcher erst dann zur Benutzung kommt,
«wenn ein andere Faden zerreissen oder sich sonst derangiren
«sollte. Der Faden, welcher am weitesten central, gegen das
«Herz, liegt, wird nun in Form einer gewöhnlichen Ligatur zuge-
«schnürt und geknotet, so dass direct vom Herzen her kein Blut
«mehr in die freigelegte Strecke der Arterie eintreten kann. Die
«für die bisher beschriebenen Acte nothwendige Zeit entspricht
«fast immer genau der Zeit, welche für das Defibriniren, Filtriren
«und für das Einfüllen des Blutes in die Spritze nothwendig
«war. Ist die Spritze gefüllt, so lasse ich den am meisten peri-
«pher, gegen die Hand oder den Fuss, gelegenen Faden etwas
«anziehen, damit für einen Augenblick auch der Collateralkreislauf
«von der Peripherie kein Blut in das freigelegte Arterienstück
«führen kann. In diesem Augenblicke öffne ich in der Nähe des
«centralen (oberen) Wundwinkels das Arterienrohr durch einen
«quergerichteten Scheerenschnitt, welcher ungefähr die Hälfte
«des Arterienrohrs trennt. Ein solcher Querschnitt klafft an
«der Arterie viel besser auseinander als an der Vene,
«und bei der Dicke des Arterienrohrs findet man für die
«Einführung der Canüle durchaus keine Schwierigkeit. Die
«Spritze der Canüle wird gegen die Peripherie, gegen Hand oder
«Fuss, gerichtet und mittelst des dritten Fadens wird die Canüle,

«wie bei einer Gefässinjection an der Leiche, fest in das Arterien-
«rohr eingebunden. Ungefähr 1 Ctm. der Canüle kann vor die-
«ser Ligatur in dem Arterienrohr liegen. Nun muss der Zug an
«dem zweiten Faden aufhören und die Bewegung des Spritzen-
«stempels kann beginnen. Muss man, wie das bei kleinen Spritzen
«in der Regel nothwendig ist, zwei oder drei Spritzen voll trans-
«fundiren, so wird, sobald der Inhalt der ersten Spritze ver-
«schwunden ist, der zweite (periphere) Faden wieder angezogen,
«um das Blut in der Peripherie von der Canüle abzuschliessen.
«Ist die Spritze wieder gefüllt, so wird sie auf die Canüle aufge-
«setzt, der Zug am zweiten (peripheren) Faden lässt nach und die
«Injection beginnt wieder. Sobald nun die Injection der letzten
«Spritze vollendet ist, wird der zweite Faden im peripheren (un-
«teren) Wundwinkel als Ligatur zusammengeschnürt und geknotet.
«Nun trennt man in der Nähe der ersten centralen und der zweiten pe-
«ripheren Ligatur das isolirte Arterienrohr mit je einem Scheeren-
«schnitt ab und entfernt dasselbe mit der Spritze, auf deren
«Canüle es festgebunden ist. Endlich wird mit Heftpflaster oder
«Binden mit Charpie ein einfacher Wundverband angelegt».

Dieses merkwürdig complicirte Verfahren ist nun die «arterielle
Transfusion».

Die Vortheile dieser Methode sollen folgende sein:

1) Das transfundirte Blut gelange etwas langsamer und
gleichmässiger zum Herzen, als durch die venöse Transfusion, in
Folge dessen vermindern sich die Besorgnisse einer gefährlichen
Circulationsstörung, da das Capillarsystem der Hand oder des
Fusses schon vom Beginn der Transfusion einen Theil des
Blutes, und noch nach der Vollendung derselben vielleicht einige
Unzen kurze Zeit zurückhalte und erst allmälig würde dieses Depot geleert. Aber auch derjenige Theil des Blutes, welcher schnell in die Venen abströmt, vertheile sich auf zahlreiche
Venen, welche eine Zeit lang angeschwollen bleiben und ebenfalls
nur allmälig das Blut in das Herz abgegeben, während bei der
venösen Transfusion die Spritze fast direct die ganze Blutmenge
in das rechte Herz treibe.

2) Die Sicherung gegen kleine Quantitäten Luft, welche in
der Spritze enthalten sein können, welche, wenn sie in die Capillaren gelangen, kein Unglück anrichten und schnell vom Blute

resorbirt werden, während sie wegen des kurzen Weges von der Vene zum rechten Herzen in der bekannten Weise deletär einwirken können.

3) Wäre die Gefahr der Phlebitis bei der arteriellen Transfusion vermieden, was doch nicht gering anzuschlagen sei. Wären doch Fälle bekannt geworden, in welchen die durch Transfusion vom sicheren Tode Geretteten später der suppurativen Phlebitis und ihren Folgezuständen der Pyaemia multiplex (metastatica) erlagen.

4) Obgleich es bis jetzt noch unbekannt sei, ob der Contact einer grösseren Menge des durch Schlagen arteriell gewordenen Blutes mit der Wand des rechten Herzens irgend einen Nachtheil bringe, so wäre es aber jedenfalls kein Nachtheil, dass bei der arteriellen Transfusion das arteriell geschlagene Blut durch die Passage des Capillarsystems zu venösem Blute werde, bevor es in das rechte Herz und von da in die Lungen gelange.

Vorstehende *Hüter'schen* Anschauungen hören sich recht plausibel an, dennoch werde ich dieselben widerlegen.

Hüter kann also «nicht recht begreifen, wie man darüber «streiten kann, ob zur Transfusion defibrinirtes, oder nicht «defibrinirtes Blut zu benutzen sei.»

Nun, so recht gesund scheint *Hüter* das defibrinirte Blut denn doch nicht vorzukommen, denn sonst würde er den so eben (unter № 4) angeführten «Vortheil» für seine «arterielle Transfusion» nicht angeführt haben.

«Sind Gerinnsel im Blut, — sagt *Hüter* weiter — und ich «wüsste nicht, wie man ohne Defibrination ihre Bildung mit genü-«gender Sicherheit verhindern könnte, — so verlegen sie entwe-«der die Canüle, oder sie gehen in die Circulation über und füh-«ren nothwendiger Weise embolische Processe herbei.

«Sollten Lungen- oder Milz- oder Niereninfarcte vielleicht von einem besonderen Nutzen für die Kranken sein?» (Komische Frage. Verf.)» Bei meinem Verfahren wird freilich die Gefahr der Em-«bolieen auf ein Minimum reducirt und doch ziehe ich es vor, «auch vor diesem Minimum den Kranken zu schützen. Ich komme «auf diesen Punkt noch zurück.» (Leider ist *Hüter* auf «diesen Punkt» in seiner Arbeit nicht zurückgekommen. Verf.)

Durch meine vorliegende Studie zieht sich wie ein rother Faden die Bekämpfung der unglückseligen Idee des Blut-Defibrinirens

Mit dem endgültigen Nachweise der Schädlichkeit des *defibrinirten* Blutes wird die «arterielle Transfusion» fallen, denn da das Blut-Injiciren nach der *Hüter'*schen Methode bedeutend Zeit erfordert, so bleibt nicht das Blut in toto bis zur Beendigung solcher Operation ungeronnen, also eine Transfusion peripher gegen Hand oder Fuss gerichtet, gehört dann zu den Unmöglichkeiten.

Obgleich ich schon eine Menge von Thatsachen gegen die Defibrination gebracht habe, so sind dieselben noch nicht erschöpft.

Ich gestehe offen, dass ich die Gewichtigsten mir aufgespart hatte, um dieselben wie schweres Geschütz wirken zu lassen gegen einen solchen Gegner wie *Hüter*, der, abgesehen von seinem sich durch anerkannte und hervorragende Arbeiten erworbenen klangvollen Namen, schon als klinischer Lehrer einer Hochschule *Greifswald*, der anzugehören auch ich einst die Ehre hatte, eine sehr gewichtige Autorität ist.

Die schon angeführten schwerlich zu widerlegenden Gründe gegen die Defibrination waren kurz gefasst folgende:

1) Der Zeitverlust von mindestens 15 Minuten durch das Defibriniren, wesshalb häufiger bei Verblutenden resp. Erstickten die Transfusion zu spät sein wird.

2) Die minder belebende Eigenschaft des defibrinirten Blutes; bewiesen durch die grössere Blutmasse, die durchschnittlich zum Erfolge nöthig ist.

Hüter verspricht sich keine Wirkung von Quantitäten unter 8 Unzen, er habe für seine Transfusion nur Quantitäten von ³/₄ — 1 Pfund defibrinirtes Menschenblut benutzt, denn «harmlos, wie *Hüter* sich auszudrücken beliebt, «sind freilich die Transfusionen, in welchem mit «Hülfe einer vielleicht nicht einmal in die Vene eingebundenen, son- «dern nur eingestossenen Canüle 2 oder 3 Unzen transfundirt wurden, «von denen vielleicht noch eine gute Hälfte aus der Hautwunde aus- «fliesst. Solche Transfusionen können keine tödtlichen Circulations- «störungen herbeiführen; ob sie überhaupt etwas nützen, kann ich «nicht entscheiden».

Dieser *Hüter'*sche Ausspruch ist stark! Das ist doch weiter Nichts als eine Verdächtigung von 43 glücklichen Operateuren, als ob diese Operateure bei ihren 43 glücklichen Transfusionen, [d. h. bei mehr als der Hälfte aller glücklichen; denn bis jetzt sind erst 79 glückliche Transfusionen, von denen wir die injicirte Blut-Quantität kennen, verzeichnet], nur so aus Harmlosigkeit und nicht als ultimum refugium sub finem vitae transfundirt hätten!

Hätte übrigens *Häter* den Ausspruch *Martin's* (l. c. pag.: 48) gekannt, so würde wohl *Häter* vorsichtiger gewesen sein. Martin sagt «Erwägt man, dass die Arterien mittleren und kleinen Calibers bei erheblichen Blutverlusten sich zusammenziehen, während die peripherischen Venen durch den Luftdruck zusammengedrückt werden, so können unzweifelhaft auch schon kleine Mengen Blutes, welche in den «Kreislauf gebracht werden, eine nicht blos anregende, sondern auch eine relativ ausfüllende und ernährende Wirkung haben. Demgemäss dürfte eine strenge Sonderung der anregenden und restituirenden «Wirkung der Transfusion nicht passen, sondern sachgemäss beiderlei «Wirkungsweisen anzuerkennen sein. *Jedenfalls ist die Thatsache, dass* «*viele Anaemische schon bei scheinbar sehr geringen Mengen transfundirten Blu-* «*tes genesen sind, mit Unrecht von Einigen benutzt worden, um die Wirksamkeit* «*der Transfusion überhaupt in Zweifel zu ziehen.*»

3) Die Angabe, dass das durch Defibrination hellroth gemachte Venenblut Arterienblut gleich zu stellen sei, ist ein Irrthum; denn *nur* durch den Oxydationsprocess in den Lungen kann die venöse Beschaffenheit auch des defibrinirten Venenblutes aufgehoben werden, nicht durch Quirlen, denn es wirkt in Hinsicht seines Gasgehaltes genau ebenso wie ganzes Venenblut, daher ist auch der angebliche Vortheil des hellroth gemachten Venenblutes bei Erstickten völlig illusorisch.

4) Blut ist ein Collectiv-Name, daher muss man das entfaserte Blut folgerichtig «*Theilblut*» nennen.

5) Wir wissen nicht, *was* wir mit dem Fibrin aus dem Blute entfernen.

6) Es ist mehr als wahrscheinlich, dass durch die Defibrinations-Manipulation die moleculare Zusammensetzung der Blutkörperchen verändert wird.

7) *Mittler* und ich waren niemals im Stande mit defibrinirtem (gleichartigem) Blute in solchem Umfange und gleichem Erfolge den Blutaustausch zu bewerkstelligen, wie mit ganzem Blute. Die Thiere starben einfach.

8) Bei der Transfusion ganzen Blutes ist es von keiner besonderen Wichtigkeit vorher eine entsprechende Depletion zu machen.

9) Hingegen mit dem «Theilblut» ist eine Depletion absolut nöthig; die passendste Bezeichnung wäre demnach für die Transfusion defibrinirten Blutes: «*depletorische Theilblut-Infusion*».

10) Ungleichartiges defibrinirtes Säugethierblut wirkt im Säugethier fremder Gattung selbst in geringer Menge fast immer giftig, meistens tödtlich.

11) Hingegen ungleichartiges ganzes Säugethierblut wirkt im Säugethier fremder Gattung, selbst in grösserer Menge, selten schädlich, geschweige tödtlich.

12) Nach *Magendi* erleichtert der Faserstoff den Durchgang der Blutkügelchen durch die engen Capillaren der Lungen, der Milz und der Nieren; also Lungen- Milz- und Niereninfarcte sind solange wie der Faserstoff noch flüssig war nicht zu befürchten, wohl aber können durch das Fehlen derselben bei defibrinirtem Blute solche Infarcte entstehen; ausserdem giebt nach *Magendi* Fehlen des Faserstoffs zu serösen und sanguinolenten Transsudaten in der Lunge und dem Darmkanal Veranlassung.

13) *Demme* und später *Mader* sahen profuse Blutungen aus dem Darm, dem Uterus, der Scheide nach Injectionen geringer Menge defibrinirten Menschenblutes.

14) Dieselben Erscheinungen — Magendi's seröse und sanguinolente Transsudate — wurden von diversen Experimentatoren nach Infusionen gequirlten gleichartigen Blutes bei Thieren beobachtet.

15) Kann man dem Blute in toto die günstige Eigenschaft zuschreiben, dass es bei profusen Blutungen, die nicht directen manuellen oder instrumentellen Eingriffen zugänglich sind, wie die Lungen- Magen- Darm- und Uterin-Blutungen, der dem eingespritzten Blute beigemengte Faserstoff durch Gerinnung in den blutenden Gefässen sich hülfreich erweise.

In der That wurde schon häufiger während des Bestehens profuser Uterin-Blutungen ganzes Blut mit eclatantem Erfolge injicirt. Es ist mehr als fraglich, ob dieselbe günstige Wirkung während des Bestehens der Blutungen auch das entfaserte Blut die Tendenz des Gerinnens an der blutenden Stelle des Gefässes unterstützen wird.

Sagt doch Professor *W. Roser*[1]) in Marburg in einer neueren Abhandlung:

«Bei der Gerinnung des Faserstoffes erfolgt bekanntlich eine Zusammenziehung desselben; diese Zusammenziehung des geronnenen Faserstoffes hat grosse Bedeutung für die spontane Blutstillung, indem durch diese Zusammenziehung manche offenen Gefässe verengt und verschlossen werden.

---

[1]) Archiv für klinische Chirurgie. 12. Band 1. Heft, 1670: *W. Roser*. Zur Theorie der Blutstillung und der Nachblutungen.

«Bei abgerissenen Arterien ist diese Zusammenziehung erleichtert, «weilhier die verlängerte Zellmembran vorsteht, und weil die Zellmembran vorzüglich geeignet ist, den gerinnenden Faserstoff sich anfilzen zu lassen. Man hat die Form, in welcher sich hier die Zellmembran über das Ende der Ader herlegt, nicht mit Unrecht mit der Form eines Wurstzipfels verglichen.

«Wenn man die abgerissene Arterie, deren Blutung von selbst zum Aufhören gekommen war, anatomisch untersucht, so findet man keinen solchen das Arterienlumen ausfüllenden Blutpfropf, dass man von der Entstehung dieses Pfropfes das Aufhören der Blutung ableiten könnte, was man findet, ist Verklebung der vorstehenden Zellenmembran an dem abgerissenen Arterienende so verkleinert und verengt, häufig conisch zugespitzt, dass man eine Zusammenziehung, eine Contraction des gerinnenden Faserstoffes als Ursache dieser conischen «Verschliessung annehmen muss. Wer dies nur einmal gesehen und «untersucht hat, der wird zugeben müssen, dass in solchen Fällen nicht Ausfüllung durch geronnenes Blut, sondern *Zusammenziehung des Lumens durch den an die Adventitia sich anfilzenden Faserstoff das wesentliche Moment zur spontanen Blutstillung abgiebt*»,

16) Das Defibriniren ist naturwidrig, und alles Naturwidrige ist schon a priori verwerflich.

Dies wären ungefähr die bis jetzt gegen die Defibrination schon geltend gemachten Gründe.

Um nun die Behauptung der Defibrinations-Anhänger näher zu untersuchen, dass sie im Stande wären durch Quirlen mit nachfolgender Filtration durch Leinwand den Faserstoff aus dem Blute so völlig entfernen zu können, dass keine Gerinnsel nachblieben, machte ich folgenden mehrfach wiederholten Versuch:

Vermittelst eines in Haushaltungen gebräuchlichen neuen metallenen «Schneeschlägers» defibrinirte ich in einem grösseren gläsernen Gefässe, welches in einer Schüssel, worin sich warmes Wasser von 40^0 C. befand, stand, ungefähr 10 Unzen menschliches Venenblut, käuflich entnommen von einem 54 jährigen robusten periodischen Blutlasser. Nachdem ich 15 Minuten lang defibrinirt hatte, filtrirte ich diese gequirlte Blutmasse durch neue enge Leinwand und liess dieselbe in ein zweites gläsernes ebenfalls mit warmem Wasser von 40^0 C. umspültes Gefäss laufen.

Einen Theil dieses gequirlten und durchgesiheten Blutes goss ich vorsichtig auf einen Porzellan-Teller, der ebenfalls mit warmem Wasser von 40^0 C. umgeben war, und zwar so, dass nur eine flache Blutschicht den flachen Teller bedeckte. Sofort betrachtete ich nun mit einer starken Lupe diese zarte Blutschicht und entdeckte eine Menge kleiner Gerinnselchen; einzelne davon wurden sofort vermittelst eines feinen Pinsels vorsichtig unter ein bereit stehendes Mikroskop gebracht, konnte aber trotz Behandlung und Auflösung nach *Pfaff*'s[1]) Methode, noch trotz Eintrocknung bei 400 maligen Liearvergrösserung, überhaupt weder trotz aller Mühen nicht die bekannten Gestalten der Blutkörperchen entdecken, wohl aber fand ich die *geldrollenartigen Blutkörperchen en masse verklebt*, wenn ich etwas vom noch flüssigem defibrinirten Blute unter's Mikroskop als Controlle brachte.

Es bleibt also weiter nichts übrig als diese zarten gebildelosen «Gerinnselchen» für *geronnenes Fibrin* ansehen zu müssen.

Schon 1864 hat *Otto Weber* direct ausgesprochen, dass die Filtration durch Leinwand nicht hinreiche, um Embolien zu vermeiden. Mehr aber als die ernste Mahnung *Weber*'s muss uns die Thatsache gelten, *dass man sogar mit schwachen Lupen die Poren der feinsten Leinewand sehen kann, dass diese Poren also vielfach grösser sein müssen als die feinsten Blutgefässe;* demnach sind also durch Quirlen und Durchseihen capillare Embolien in den Lungen, der Milz, den Nieren etc. (Infarcte) nicht ausgeschlossen.

Es fiel mir nun auf, dass wenn ich etwas von diesem gequirlten warmgehaltenen flüssigen Blute unter's Mikroskop brachte, stets die Blutkörperchen, wie schon bemerkt, en masse verklebt fand; sofort angestellte Controlversuche mit flüssigem fibrinhaltigen Blute desselben Mannes zeigten niemals diese massenhafte Zusammenklebung, sondern ich konnte jedes Blutkörperchen einzeln bequem beobachten.

Ich fand darüber hinreichende Aufklärung in dem bekannten physiologischen Werke meines hochverehrten Lehrers des Geheim-Rath Professor *Budge* in Greifswald.

Derselbe sagt (l. c. pag. 128):

«*Im Blute, aus welchem durch Schlagen der Faserstoff entfernt* «*ist, kleben die Blutkügelchen leicht zusammen, so dass man wohl* «*annehmen darf, dass das Festwerden des Faserstoffs nichts* mit «*dem Zusammenkleben zu thun hat, vielmehr dasselbe hindert.* Auch «wenn man klebrige Substanzen, wie Gummilösung zum Blute «bringt, wird dadurch das rollenförmige Aufreihen keineswegs

---

[1]) *Emil Pfaff*. Vornahme gerichtsärztlicher Blut-Untersuchungen. Plauen 1869.

«befördert. — Man kann also nur sagen, dass unter manchen «Umständen die Klebrigkeit der Hüllen der Blutkörperchen «zunimmt, ohne deren Ursache zu kennen».

Ausserdem machte ich unter dem Mikroskope mit dem defibrinirten Blute eine dritte Beobachtung; nämlich, wenn ich einzelne Blutkörperchen glücklich gefunden hatte, so waren doch sehr selten die Contouren dieser zarten Gebilde sich so gleich und ähnlich, wie die Contouren der Blutkörperchen des ungeschlagenen Blutes. Die einzelnen Blutkörperchen erschienen wie zerdrückt, zerquetscht, einige sahen spitzig, andere eckig, auch faserig etc. aus.

Die Annahme, dass durch die Defibrinations-Manipulation die moleculare Zusammensetzung des Blutes verändert wird, gewinnt bedeutend durch diese mikroskopische Beobachtung.

Es gehen also aus meinen Untersuchungen drei gewichtige Einwände gegen das Defibriniren hervor:

1) Stets befinden sich im gequirlten und durchseihten Blute massenhaft kleinste Gerinnselchen, die grösser sind, als die engen Capillaren der Lungen, der Milz, der Nieren etc.

2) Die Blutkörperchen des gequirlten und durchgeseihten noch flüssigen Blutes kleben en masse geldrollenartig zusammen und werden desshalb häufig embolische Processe hervorrufen; vielleicht könnten mit dieser Thatsache die nicht aufgeklärten plötzlichen Todesfälle nach Transfusionen defibrinirten Blutes erklärt werden.

3) Die einzelnen Blutkörperchen im gequirlten und durchseihten Blute haben selten durch die Quirl-Manipulation ihre ursprüngliche kontakte Gestalt behalten, es ist daher sehr fraglich, ob sie mit derselben Leichtigkeit, wie vor dem Quirlen, die engen Capillaren der Lungen, der Milz, der Nieren etc. passiren können.

Aus Allem dürften nun wohl *Hüter* und andere Anhänger der Defibrination begreiflich finden, wesshalb eine ganze Anzahl von Aerzten die Defibrination so energisch perhorresciren.

Von ungefähr siebenzig Transfusionen mit defibrinirtem Blute sind bis jetzt erst 18 glückliche Transfusionen verzeichnet.

Man könnte nun erwidern, dass wenn wirklich das defibrinirte Blut zu Embolien, zu Lungen-, Milz- und Niereninfarcten Veranlassung gebe, so sprächen gegen solche Annahme diese 18 glückschen Fälle.

Solcher Einwand lässt sich durch Folgendes begegnen:

Wie nachstehende Tabellen zeigen, sind bis dahin 128 Transfusionen mit *ganzem* Blute bewirkt worden; von diesen endeten mit Erfolg 71 Transfusionen, ohne Erfolg nur 57 Transfusionen. Die Statistik spräche also schon zu Gunsten des *ganzen* Blutes.

Dass nun von 70 Transfusionen mit defibrinirtem Blute 18 Transfusionen trotz der so deletären Wirkung des gequirlten Blutes günstig verliefen, beweise nur, dass *Panum*[1]) in seinen «*Experimentellen Beiträgen zur Lehre von der Embolie*» Recht hat, wenn er aus seinen Experimenten schliesst, dass lange nicht immer frisch in den Kreislauf gebrachte Gerinnsel deletär zu wirken brauchen, indem die Mehrzahl derselben einschrumpfe und sich auflöse, ohne irgend bedeutendere Veränderungen im Umfange der Stelle, wo sie liegen, hervorgebracht zu haben.

Ich finde in dem «Archiv für Gynaekologie» (Berlin 1872 pag. 352) folgende interessante Illustration zum *Hüter*'schen Lobe des defibrinirten Blutes im Betreff der Vermeidung von Embolien:

«Hieran schloss sich eine Mittheilung des Herrn *Schatz*[2]) über «*Eine missglückte Transfusion,*» welche trotz ihres Misslingens «doch dadurch von Interesse war, dass die *Einleitung des* **defibri-** «**nirten** *Blutes in die Vene* **mehrmals** *wegen eintretender* **Gerinnung** «*unausführbar wurde*, ein Umstand, den *Schatz* der möglicherweise «zu kühlen Temperatur der Injectionsmasse zuschreibt.

«Die Section ergab *Trombosen* und circumscripte Phlebitis.»

Wenn *Schatz* mit dem *Braune*'schen Apparat diese Transfusion vornahm, so hatte entschieden an der eintretenden Gerinnung auch noch der, wenn auch kurze, Kautschukschlauch einen besonderen Antheil, sowie dass die Glasröhre nicht mit einem mit warmem Wasser gefüllten Mantel umgeben war, wie solches bei meinem «Transfusor» der Fall ist.

Schon im October 1868 hatte *Schatz*[3]) eine Transfusion bei einer tief anaemischen Puerpera gemacht; er liess mit Erfolg 90 C. C. defibrinirtes Blut, vom Bräutigam derselben entnommen,

---

[1]) P. L. *Panum*. Experimentelle Untersuchungen zur Phyologie und Pathologie der Embolie. Berlin 1864.

[2]) Mittheilungen aus der Gesellschaft für Geburtshülfe zu Leipzig. Sitzung am 15. November 1867.

[3]) Verhandlung der Leipziger Gesellschaft für Geburtskunde. Sitzung vom 16. November 1868. Monatsschrift für Geburtskunde. Berlin 1869. Bd. 34, Heft 2.

durch den *Braune*'schen Apparat in die blutleere Arm-Vene treten, genau 8 Tage später entwickelte sich bei ihr eine durch Embolie verursachte Pneumonie des rechten unteren und der unteren Hälfte des rechten oberen Lappens, die günstig endigte. *Schatz* glaubt, dass dieser Embolus aus einer Uterinvene herrühre. Freilich ist das möglich, aber ebenso wahrscheinlich können die kleinen Emboli, die im defibrinirten Blute, wie ich vorhin nachgewiesen, stets vorhanden sind, diese Pneumonie hervorgerufen haben.

Ob sich nun bei Einigen der 18 glücklich durch defibrinirtes Blut Geretteten nicht noch nach Wochen oder Monaten ebenfalls Pneumonien, Lungen-Tuberkeln, Nierenleiden etc. — möglicher Weise sogar mit tödtlichem Ausgange und dann anderen Ursachen zugeschrieben — entwickelt haben, ist wohl nirgendwo angegeben, aber ich habe guten Grund solches vermuthen zu können.

Interessant aber wäre es, wenn man bei sämmtlichen dieser «Geretteten» das stete Wohlbefinden nach solcher naturwidrigen Infusion bis nach einem Jahre sicher constatiren könnte.

Im Allgemeinen glaube ich, dass ich die Schädlichkeit des defibrinirten Blutes endgültig nachgewiesen habe, und mit diesem Nachweise fällt auch die «arterielle Transfusion.»

Diese Neuerung hat aber, abgesehen von diesem meinem Ausspruche, noch diverse Uebelstände, dazu rechne ich:

1) Den arteriellen Herzdruck, welcher sich nicht immer durch auf die Spritze ausgeübten Druck überwinden lässt.

Hüter führt selbst folgenden Fall an:

«Ich bin freilich unter 6 Fällen, in welchen ich bei nicht «anaemischen Kranken die artielle Transfusion machte, nur ein-«mal gezwungen worden, die arterielle Transfusion, welche ich «am Fusse begonnen hatte, zu unterbrechen, und die zweite Hälfte «des Blutes in die Vene cephalica zu injiciren, weil die Spritze «den Dienst versagte; und es wäre möglich, dass eine Embolie «oder eine Zerreissung (! Verf.) der Arterienwand deren Schuld gewesen.»

2) Zerreissung von Arterienwänden mit nachfolgenden phlegmonösen Entzündungen mit tödtlichem Ausgange können leicht eintreten.

Ein Fall mit tödtlichem Ausgange, bei welchem die Section in der Umgebung der Arterienligaturen phlegmonöse Entzündung ergab, ist Hüter selbst passirt.

Die Operirten fühlen bei der «arteriellen Transfusion», wie *Hüter* angiebt, noch nach 24 Stunden «prickelnde Empfindungen» in dem Capillarsystem der Hand oder des Fusses, auch tritt Schwellung und Röthung der betreffenden Extremität bedeckt mit nachfolgendem profusen Schweiss ein. Diese Röthung und Schwellung der Haut ist stets so bedeutend, dass sie im Anfang sogar *Hüter* Besorgniss einflösste. Jedenfalls ist aus solchen für den Patienten gewiss nicht angenehmen Symptomen zu ersehen, dass ein besonderer Kraftaufwand dazu gehört um das defibrinirte Blut in die engen Gefässe der Extremität zu treiben und desshalb ist es auch sehr wahrscheinlich, dass häufig Zerreissungen der engen Arterien mit nachfolgenden phlegmonösen Entzündungen eintreten müssen.

3) Die Technik der arteriellen Transfusion ist unleugbar schwieriger, complicirter, eingreifender und gefährlicher, als die der venösen.

Hüter sucht den erwarteten Einwand der Schwierigkeit mit folgender Redewendung zu begegnen: «Wem die anatomischen «Kenntnisse zum Aufsuchen der Arterien, oder die manuelle Dex-«terität zum Ausführen dieser Operation fehlt, der dürfte auch die «volle Berechtigung haben, auf die Ausführung von Transfusionen «jeder Art zu verzichten;»

So! Nun dagegen erwidere ich, dass ich bezweifle, dass Professor *Hüter* einen Arzt in Deutschland, Russland, Oesterreich, Schweiz, Frankreich, Holland, Belgien, Schweden, Dänemark und England, Länder, deren medicinische Verhältnisse ich kenne, nachweisen kann, der nicht im Stande wäre, die Arteria radialis oder die Arteria tibialis wegen Mangel an anatomischen Kenntnissen aufsuchen zu können, daher ist solche Bemerkung *Hüter's* eitel überflüssig; etwas Anderes ist es mit der manuellen Geschicklichkeit, die ist nicht Jedem in reichem Masse gegeben, desshalb geht ja auch das Bestreben dahin, jegliches Verfahren zu vereinfachen; dass nun die Neuerung der «arteriellen Transfusion» sich mit diesem Bestreben im stricten Widerspruche befindet, dürfte doch nicht schwer einzusehen sein. Professor *Hüter* kann doch unmöglich in Abrede stellen wollen, dass die kinderleichte Transfusion in die Vene ohne Schwierigkeit auch von einem solchen Arzte ausgeführt werden kann, dem die manuelle Dexterität zur «arteriellen Transfusion» fehlt?

Ich kann daher beim besten Willen nicht die *Hüter*'sche Logik verstehen, dass derjenige, dem die manuelle Dexterität zum Ausführen der arteriellen Transfusion fehlt, auch die volle Berechtigung habe auf die venöse Transfusion zu verzichten; eine solche Logik ist dieselbe, als ob Jemand die Behauptung aufstellen wollte: wer nicht im Stande ist eine Ovariotomie auszuführen, hat auch die volle Berechtigung etwa auf das Kuhpocken-Impfen zu verzichten, denn viel schwieriger als das Impfen von Kuhpocken ist wirklich nicht die Transfusion in eine Vene, und gewiss so schwierig wie eine Ovariotomie, in Anbetracht der nöthigen manuellen Geschicklichkeit, ist eine Arterienaufsuchung.

Uterhart in Rostock bemerkt sehr treffend in der Berliner klinischen Wochenschrift (№ 4. 1870.) über die arterielle Transfusion:

«Das Haupthinderniss ihrer Anwendung *ausser der grösseren* «*operativen Geschicklichkeit, die zur Herrichtung der Arterie zur* «*Transfusion erforderlich ist*, liegt in dem gewaltigen Druck, «dessen das Blut bedarf, um durch das Capillarnetz hindurch ge-«trieben zu werden. Es bedarf zu einer arteriellen Transfusion «besonders sorgfältig gearbeiteter Spritzen, welche einen solchen «Druck auszuhalten im Stande sind, und welche nicht das Blut, «statt in die Arterie zu treiben, zwischen Stempel und Wandung «zurück, oder zwischen Ansatzstück, oder zwischen den Fugen der «Fassung austreten lassen. Die vielen kleinen Malheurs, die aus «der Nothwendigkeit des starken Spritzendruckes entspringen, werden «der Operation, die vom theoretischen Standpunkt aus nicht zu «verwerfen ist, *keine* Anhänger gewinnen.»

Auch *Mosler*[1]) sagt in seiner vortrefflichen Leukaemie-Monographie über die arterielle Transfusion *Hüter*'s:

«Auf der anderen Seite glaube ich jedoch fürchten zu müssen, dass «die arterielle Transfusion wegen der Schwierigkeit ihrer Ausfüh-«rung — sie erfordert nämlich einen sehr starken Druck auf die «Spritze, um den arteriellen Herzdruck zu ersetzen, erfordert

---

[1]) Professor *Friedrich Mosler*, Greifswald. Die Pathologie und Therapie der Leukämie. Berlin 1872 pag. 209.

«überhaupt eine viel grössere Sicherheit und Gewandtheit im Ope-
«riren — von praktischen Aerzten nicht so häufig ausgeführt
«werden wird, als die venöse Transfusion.»

An Pyämischen die *arterielle* Transfusion auszuführen halte
ich ausserdem noch für ganz besonders gefährlich, wegen der
fast stets bei Pyämischen eintretenden gefährlichen Nachblutungen aus den Capillargefässen, die häufig genug durch Erschöpfung tödtlich enden; so sagt *Stromeyer*[1]) über die parenchymatöse Blutungen bei Pyämie aus Capillargefässen: «ohne dass man, selbst
«wenn sie grossen Blutverlust verursachen, offene Mündungen
«grosser verletzter Gefässe nachweisen kann.»

Noch energischer drückt sich *Roser*[2]) aus: «die Pyämie ist eine
«Hauptursache der Nachblutungen. Sie erzeugt Fieber, und dadurch
«einen höheren Blutdruck; sie erzeugt öfter einen septischen Zustand,
«und damit *langsame* oder *unvollkommene* oder *ausbleibende* Verwach-
«sung; sie erzeugt endlich *ulcerösen Zerfall* der bereits gebildeten Ver-
«wachsungen und somit *erleichtertes Platzen oder auch wohl Durch-
«bruch der Arterienwand von aussen her». Woraus denn wohl
folgen dürfte, dass eine Transfusion in die Arterie eines Pyämischen eine sehr gefährliche Operation ist.

Ueberhaupt hat die arterielle Transfusion nach meinem Dafürhalten nur einen einzigen sehr gering anzuschlagenden Vortheil und das
ist der, dass das transfundirte Blut etwas langsamer zum Herzen gelangt, als bei der venösen Transfusion; dieser kleine Vortheil wird
aber überreich aufgewogen durch die zahlreichen Nachtheile
dieser Methode.

Auch *Hüter* scheint der Ansicht zu sein, dass Menschenblut
sehr leicht zur Transfusion zu erlangen sei, wenigstens sagt er:

«Im Rostocker Krankenhause boten mir Reconvalescenten
«freiwillig ihr Blut zur Benutzung an; seitdem ich in Greifswald
«die erste Transfusion gemacht habe, gaben jedesmal Studirende
«opferbereit ihr Blut zum edelsten Zweck her.«

Hüter vergisst, dass Menschenblut zu erlangen nur dem Chirurgen einer Hochschule so leicht wird. Die studirende Jugend
hat sich von jeher durch den Mangel an Materialismus ausgezeich-

---

[1]) Dr. *L. Stromeyer*. Maximen der Kriegsheilkunde. Hannover 1861, pag.: 146.
[2]) *W. Roser*, Marburg. Zur Theorie der Blutstillung und der Nachblutungen. Im Archiv für klinische Chirurgie von *Langenbeck, Billroth* und *Gurlt*. Berlin 1870 Hirschwald.

net — wehe dem Lande, wo es anders ist — auch hat sie stets wetteifernd den geliebten Lehrer so begeistert verehrt, dass ich durchaus nicht daran zweifle, dass, wenn so ein geliebter Lehrer, zumal, wenn er noch Professor der Chirurgie ist, verlangen würde, es möge doch Einer seiner Schüler Arterien-Blut zur Transfusion hergeben, er dasselbe auch trotz ihrer Kenntniss der möglichen Folgen solchen gefährlichen Eingriffes von Dutzenden der jungen Commilitonen unweigerlich erhalten würde; auch bin ich überzeugt, dass eine Zahl von Reconvalescenten in den chirurgischen Kliniken dasselbe thun werden, weil eben die Reconvalescenten «unseren Professor», der so begeistert von seinen Schülern verehrt wird, der sie selber durch eine «kühne Operation» kurirte, abgesehen davon, dass die Begeisterung anstecked wirkt, für einen Halbgott ansehen, dessen leisester Wunsch einem Befehl gleich zu erachten sei.

In Kenntniss solcher Sachlage ist der *Scanzoni*'sche Ausspruch berechtigt: «*Die Transfusion dürfte nur ein brillantes Schaustück auf Kliniken bleiben, eine allgemeine Verbreitung blüht ihr nie!*», weil eben das Menschenblut für andere Sterbliche so schwer in unserem blutarmen, nervösen und materiellen Zeitalter zu haben ist.

Den Professoren der Geburtshülfe scheint die Erlangung von Menschenblut nicht so leicht zu werden, wie etwa den Professoren der Chirurgie, so bemerkt Professor *Gusserow*[1]: «*Eine grössere Quantität Blutes zu erlangen ist, aber jedenfalls Gegenstand praktischer Schwierigkeit*».

Rautenberg (L. c.) hat darüber eine interessante Erfahrung gemacht:

«Aus Furcht vor dem *zu spät* wollte ich sofort zur Transfusion schreiten, aber da entstand ein unerwarteter, fataler Aufenthalt. Der junge Bauer, von Landsleuten in seinem Entschlusse wankend gemacht, weigerte sich die Ader schlagen zu lassen».

Ich für meine Person kann Niemandem die Weigerung verdenken, sein Blut vermittelst eines Aderlasses herzugeben; denn *der Aderlass ist und bleibt eine gefährliche Operation*.

---

[1] *Gusserow*. Ueber hochgradige Anaemie Schwangerer. Archiv für Gynaecologie 1871. 2. Band, pag. 234.

Mein hochverehrter Lehrer Geheimrath Professor *Lebert*[1]) in Breslau hatte bis zum Jahre 1861 *sieben Beobachtungen von Aderlassphlebitis verzeichnet.*

Herrmann Demme (L. c. pag. 175) sagt: «dass *Jones für die Complication von Phlebitis beim Aderlass* 3,26% *berechnete.*

Martin[2]) berichtet, «*dass im Jahre* 1842 eine **weit verbreitete «Epidemie** *von Phlebitis nach Aderlässen an der Vena mediana ge-«herrscht habe*».

Ausserdem sind auch genug Fälle bekannt geworden, wo in Folge eines Aderlasses in der Ellenbeuge auch die unterliegende Arterie verletzt wurde mit nachfolgendem Aneurysma und Lähmung des Armes. Neuerdings berichten einen derartigen Fall *Weinlechner* und *Kundrat*[3]), wo die Arterie nach einfachem Aderlass mit verletzt wurde mit nachfolgendem Aneurysma und Lähmung des Armes. Obgleich das Aneurysma nach Unterbindung verschwand, stellte sich dennoch nicht die Brauchbarkeit des Armes wieder her.

Auch *Turel*[4]) behandelte 1870 ein Aneurysma der Ellenbeuge, welcher durch einen verunglückten Aderlass entstanden war. Ligaturen der Brachialis oberhalb und unterhalb des aneurysmatischen Sackes mit Spaltung desselben führten erst zur Heiluug.

Neudörfer[5]) erzählt: dass ihm Einige der Blutgebenden zu seinen Transfusionen in Folge des Aderlasses an «*Knoten der kleinen Gelenke*» bedenklich erkrankt seien.

Bei Gelegenheit einer eingehenden gynäkologischen Studie macht *O. von Grünewald*[6]) folgenden auch für die Gefahr einer phlegmonösen Entzündung beim einfachen Aderlass beachtenswerthen Ausspruch:

«Welchem Chirurgen sind nicht die Fälle bekannt, *wo sich*

---

[1]) *H. Lebert.* Krankheiten der Blut- und Lymphgefässe, in Virchow's Handbuch der speciellen Pathologie und Therapie, 5. Band. 2. Abtheilung. Erlangen 1861.

[2]) *Eduard Martin.* Ueber die Transfusion bei Blutungen Neuentbundener. Berlin 1859.

[3]) *Weinlechner* und *Kundrat.* Oesterr. Ztschrft. f. pract. Heilkunde 1870, № 51, 52.

[4]) *Turel.* Aneurysma traumatique du coude. Lyon méd. Nr. 7, 1870.

[5]) Oesterr. Ztschrft. f. prakt. Heilkunde 1860, Nr. 8, 9.

[6]) *O. von Grünewald.* Ueber die partiellen parauterinen Phlegmoneu ausserhalb. der Gebärmutter. St. Petersburger medicinische Zeitschrift. 1870, 4. Heft, pag. 321.

«*aus unbedeutenden lokalen Verletzungen, die in der Regel ganz ge-
«*fahrlos verlaufen, rasch intensive Phlegmonen bilden, die in kür-
«*zester Zeit unter pyämischen oder septichämischen Erscheinungen
«*zum Tode führen, ohne dass eine besondere Ursache für diesen
«*ungewöhnlichen Verlauf aufzudecken wäre*»!

Braune[1]) führt folgendes tragisches Ereigniss aus einer Pri͞-
vat-Mittheilung *Pitha's* an: «dass bei einer von Mathieu in Paris
vorgenommenen Transfusion, bei welcher 6 Unzen Blut injicirt
wurden, der Apparat durch die Aufregung und stürmische Bewegung
der Kranken herausfiel, dieselbe sich verblutete. Während der
allgemeinen Aufregung wurde die ohnmächtig gewordene blutgebende Person vernachlässigt, die sich dann ebenfalls verblutete».

Dass man nun öfters an der Durchführung der Transfusion
durch das Ohnmächtigwerden des Blutgebers gehindert wurde,
findet man auch verzeichnet; so erzählt *Bernhard Beck*[2]): «leider
«hatte ich nicht mehr Blut zur Verfügung, da der humane Soldat
»ohnmächtig wurde».

Schon früher war dasselbe *Hicks*[3]) passirt, der einer an heftiger Metrorrhagie leidenden Wöchnerin 6 Unzen Blut mit Erfolg
transfundirt hatte, doch es trat ein neuer Collapsus 2 Stunden
später ein, und da absolut kein Menschenblut zu einer Transfusion zu erlangen war, starb dieselbe.

Auch Krankheiten, wie z. B. Syphilis können durch die Menschenblut-Transfusion leichtlich übertragen werden; *Schatz* (L. c.)
berichtet einen derartigen Fall: «wo der Blutgeber absolut nicht
wusste, dass er secundär syphilitisch gewesen, glücklicherWeise war
die blutempfangende Person schon früher syphilitisch, widrigenfalls
die betreffende Person durch die Transfusion angesteckt worden wäre.

Concato[4]) spritzte zu drei verschiedenen Zeiten einem durch Na-
senbluten heruntergekommenen Manne von 40 Jahren, von drei Personen entnommen, Blut ein. Da sich der Kranke bedeutend besser fühlte, so transfundirte *Concato* am 9. Tage zum vierten Male
noch 50 Gramm defibrinirtes Menschenblut. Gleich nach dieser

---

[1]) Wiener medic. Wochenschrift 1863, pag. 307.
[2]) *B. Beck*. Kriegschirurgische Erfahrungen von 1866 in Süddeutschland Freiburg: B. 1867 pag. 122.
[3]) *Hicks*. The Lancet. March 7. 1863, pag: 265
[4]) *Concato* L. Cachesia palustre testativa dicura colla transfusione del sangue.
Rivist. clinic di Bologna. Settembr. 1869. pag. 257.

letzten Transfusion verschlimmerte sich der Zustand des Kranken
auffällig und bald darauf starb derselbe unter toxischen Erscheinungen. *Concato* hatte dies letzte· Blut von einem *anscheinend
robusten* Arbeiter entnommen, der jedoch, wie *Concato* später erfuhr, ein Säufer war; es schien, dass in diesem Falle das mit
Alkohol imprägnirte Blut toxische Wirkungen entfaltet habe.

Ganz neuerdings erschien die Schrift von *Jürgensen*[1]) in Kiel.
Die vier Fälle von Transfusion, die *Jürgensen* in dieser Brochüre, bringt sind sehr interessant und lehrreich.

Der erste Fall: eine Phosphorvergiftung, bei der nach 2 Monaten *Jürgensen* in Gemeinschaft mit Professor *C. Völkers* die
Transfusion mit defibrinirtem Blute vornahm, macht nun gerade
nicht den Eindruck, als ob eine depletorische Transfusion unumgänglich nöthig gewesen wäre, — der Fall endete mit Genesung.

580 Cc. defibrinirtes Blut wurde bei diesem Falle verbraucht,
welche Unmasse Blut *dreien* Personen durch Aderlass entzogen
worden war.

Der zweite interessante Fall war ein verzweifelter, nämlich:
Durchbruch eines runden Magengeschwürs in die Bauchhöhle.
Diffuse Peritonitis. In der 3. oder 4. Woche linksseitige eitrige
Pleuritis. Punction ex indicatione vitali; 2 Tage später Transfusion von 350 Cc. defibrinirten Blutes. Vorübergehende Besserung, so dass ein 5-stündiger Transport gut ertragen wird. Wegen drohenden Collapsus zweite Transfusion von 175 C. defibrinirten Blutes. *Thrombosis venae brachialis et cruralis.* Eröffnung des Thorax durch den Schnitt; *parenchymatöse Blutung
aus der Operationswunde. Plötzlicher Tod* 40 Tage nach der Perforation, am 3 Tage nach der zweiten Transfusion.

Zu dieser doppelten Transfusion wurde das Blut *acht*, sage
acht Personen entzogen.

Der dritte Fall war eine Vergiftung durch Kohlendunst; im
Blute eine grosse Menge Kohlenoxydhämoglobin, Transfusion von 375 Ccm. defibrinirten Blutes; kalte Begiessungen im warmen Bade. Wenige Stunden nachher vollkommene Wiederherstellung der Hirnfunctionen. Ausgedehnte
gangranöse Zerstörung der Haut macht einen 5-monatlichen Auf-

---

[1]) *Jürgensen* Theodor, Professor in Kiel. Vier Fälle von Transfusion des Blutes
Berlin 1871. Seperat-Abdruck aus der Berliner klinischen Wochenschrift, 1871 № 21 f. f

enthalt im Spital für den übrigens genesenen Kranken nothwendig. Das Blut zur Transfusion war *dreien* mit irgend welchen unbedeutenden Uebeln behafteten *Insassen des Spitals* unmittelbar vorher entzogen.

Jürgensen kommt bei diesem Falle zu dem wichtigen Schlusse:
«Die Transfusion muss bei der Behandlung der mit Kohlen-
«dunst Vergifteten nicht die letzte Stelle einnehmen — nicht als
«ultimum refugium angesehen werden, wie weiland das kalte Bad
«bei Typhuskranken, sondern vielleicht zuerst und vor allen an-
«dern Mitteln angewandt werden.

«Aus der Wirkung des frisch übertragenen Blutes folgt aber
«auch ohne Weiteres, dass die Transfusion allein nicht hinreichen
«kann, um das Blut zu entgiften, sobald nicht der zweite dazu
«nothwendige Factor: der Sauerstoff vorhanden ist. *Die künstliche*
«*Respiration nach der Transfusion* wird daher in allen denjenigen
«Fällen in Anwendung kommen müssen, wo nicht spontan die
«Athmung einen genügenden Luftwechsel in den Lungen her-
«beiführt.»

Der 4. Fall:
Chronische Pleuritis: käsige Hepatisation mit ulcerösen Cavernen der rechten Lunge; Morbus maculosus Werlhofii; Depletorische Transfusion von 275 C. defibrinirten Blutes in *die Brachial-Arterie in der Chloroform-Narcose*. Tod 3 Stunden nach vollendeter Transfusion.

Das erforderliche Blut war 2 kräftigen Hebammen-Schülerinnen entzogen worden.

Also um vier Transfusionen, von denen zwei von Vornherein schon hoffnungslos waren, mit *defibrinirtem* Blute machen zu können, mussten die Professoren *Jürgensen* und *Völkers* 16, sage sechszehn Menschen der Gefahr einer Phlebitis aussetzen!

Am Schluss seiner interessanten Arbeit versucht *Jürgensen* die Sätze seines Vorgängers in Kiel *Panum* (L. c.) zu vertreten und führt zu dem Zwecke *Panum's* Angaben an.

Panum verlangt:

1) Man solle nur gequirltes Blut verwenden; — man vermeide dadurch Embolien; man gebe dem Organismus, in dem sauerstoffgesättigten Blute ein vorzüglicheres Ersatzmittel, als in dem kohlensäurereicheren, sauerstoffärmeren, ungequirlten Blute.

Zu diesem bemerkt *Jürgensen*:

«Gegen die durch *Panum* selbst gegebene Kritik der Einwände,
«welche dieser Forderung gemacht werden können, hat sich ernst-
«haft Niemand erhoben.»

Aber *Rautenberg* und *Mittler?* Haben diese beiden Forscher sich nicht etwa *ernsthaft* gegen *Panum* erhoben? *Jürgensen* scheint das auch zu fühlen, denn kurz darauf fährt derselbe fort:

«Erst neuerdings ist die Frage durch die Versuche *Mittler's*
«wissenschaftlich wieder discutabel geworden.

«*Mittler* fand, dass man durch directe Transfusion aus der Ar-
«terie von Thier zu Thier ohne vorhergehende Depletion Blutmen-
«gen übertragen könne, welche die ursprüngliche des empfangen-
«den Thieres erheblich übertreffen. Er wies weiter nach, dass so
«eine grössere Menge Blutes einer fremden Species ungestraft in
«den Kreislauf gebracht werden könne. Für die indirecte Methode
«der Transfusion sind diese Versuche kaum geeignet eine Aen-
«derung herbeizuführen. *Sie scheinen mit ziemlicher Gewiss*
«*heit darauf hinzuweisen, dass ceteris paribus die directe*
«*Transfusion die vorzüglichere Methode sei.* Aber deren
«Ausführung am Menschen wird, seltene Ausnahmen zugegeben
«meistens unmöglich sein.

Welcher närrische Philantrop wird sich denn dazu hergeben? und welcher Arzt wird denn gewissenlos genug sein, um
aus einer Arterie eines gesunden Menschen in die Vene eines
Kranken die directe Ueberleitung vorzunehmen?

«Bleibt der Arzt auf die indirecte Transfusion ange-
«wiesen, dann bleibt auch die Forderung *Panum's* zu Recht
«bestehen. — (Nein! Verf). — «Höchstens kann man Dem, wel-
«cher auf die Gegenwart des Fibrins in dem zu übertragenden
«Blute Gewicht legt» — [Ich hoffe, dass nach Durchlesung dieser meiner Arbeit auch Professor *Jürgensen* auf die Gegenwart von Fibrin Gewicht legen wird. Verf.] — «rathen, durch den Zusatz von
«unschädlichen gerinnungshemmenden«Mitteln» —[Giebt es solche un-
schädliche Mittel? Verf.] — «dieses Blut flüssig zu halten, und das-
«selbe so in die Lage zu versetzen, Sauerstoff durch Schütteln mit
«Luft aufzunehmen.

«Es ist — namentlich die Erfahrungen Martin's beweisen es —
«möglich in den Fällen, wo man unter den günstigsten Bedingun-

«gen die Transfusion macht (acute Anamie), mit nicht defibrinirtem
«Blute auszukommen.» — [Meine nachfolgenden Tabellen beweisen,
dass man allergrösste Quantitäten ganzen Blutes (bis zu 30
Unzen) ungeronnen transfundiren kann und schon häufig,
sehr häufig transfundirt hat. Verf.]

«In den schwierigeren Fällen (unser erster und zweiter), wo
«man Stunden lang mit der Uebertragung des Blutes zu thun hat,
«ist dies absolut unmöglich.»

Diese beiden Fälle beweisen gar nichts, denn aus dem ersten Falle ist durchaus nicht zu ersehen, dass bis zur Beendigung der Transfusion das ganze Blut absolut geronnen wäre, und das um so weniger noch, da *drei* Blutgeber vorhanden waren, die ja einzeln nach und nach ihr Blut hergeben konnten, es konnte durch solche einfache Vorsicht das Injiciren eine Stunde und sogar länger dauern. Der zweite *Jürgensen*'sche Fall beweisst auch weiter Nichts, als dass die angewandte Transfusions-Technik eine bessere sein musste, wenn man *ganzes* Blut einspritzen wollte; ich führe, um Letzteres zu beweisen, nur einfach den genau erzählten Hergang an:

«Am Abend des 21. März wurde von 5 oder 6 gesunden
«Personen Blut **genommen**.» — [Hm! Wer waren denn diese 6 edlen Menschen? Doch nicht etwa die Reconvalescenten in der Klinik, von denen man ohne weitere Umstände das Blut — nahm? Verf.], —
«Das defibrinirte und filtrirte Blut wurde gleich in kleinere Fla-
«schen getheilt, so dass zwischen dem Korke und der Oberfläche
«des Blutes in dem möglichst hoch hinauf gefüllten Gläschen nur
«eine sehr kleine Menge von Luft zurückblieb. Dies war noth-
«wendig um das Durchschütteln des Blutes mit grösseren Luftbla-
«sen zu vermeiden, welches bei den auf schlechten Landwegen
«nuabweisbaren Stössen des Wagens im anderen Falle eingetreten
«wäre.» — Das Durchschütteln des Blutes soll ja vortheilhaft sein? so sagen ja die Defibrinations-Anhänger. Verf.]«Die Berührung mit
«kleiner Oberfläche schien ausserdem vortheilhaft, um das Blut in
«seiner Zusammensetzung möglichst intact zu halten.» — [Aber es ist ja defibrinirt, in Folge dessen ist es ja nicht mehr in seiner Zusammensetzung intact. Was kann einem solchen Blute noch die Berührung mit einer grösseren oder kleineren Oberfläche schaden? Verf.] — «Die geschlossenen Fläschchen wurden, voll-

«ständig für die Reise verpackt, die Nacht in den Keller gestellt
«Auf diese Weise präparirt, hatten wir bei der Transfusion etwa
«ein Liter zur Verfügung.»—[Also ein Liter köstlichen Menschen-
«blutes!!! Verf.] —

«14 Stunden nach der Entleerung wurde dieses Blut zur
«Transfusion verwandt. — Ich hatte dasselbe in Bechergläser ge-
«gossen und im Wasserbade auf Körpertemperatur gebracht.

«Die Ausführung der Transfusion hatte sehr grosse technische
«Schwierigkeiten. Die oberflächlich gelegenen Venen waren so
«wenig mit Blut gefüllt, dass sie nicht zu finden waren. Es
«musste daher eine der tieferen Ven. brachial. frei gelegt werden.
«Aus dem peripheren Ende sollte das Blut entleert und in das
«centrale eingespritzt werden. Die reichlichen Gerinnselbildungen
«bewirkten einen grossen Zeitverlust. Aus dem peripheren Ende konnte
«das Blut nicht fliessen, verhindert durch dicke Gerinnsel, welche
«nicht allein die Schnittwunde verlegten, sondern auch mehrere
«Centimeter weit in das Lumen des Gefässes sich hineinstreckten.
«Dieselben mussten durch Sonden und scharfe Häkchen (! Verf.
«entfernt werden. Auch an der central *eingebundenen* (! Verf.
»Infusionscanüle war derselbe Vorgang, so dass dieselbe häufiger
«herausgenommen und gereinigt werden musste. Zudem klagte
«die Kranke über Beklemmung und Druck in der Brust, so
«bald nur irgend schneller transfundirt wurde. Es war so ein
«wahrer circulus vitiosus, in dem wir uns bewegen mussten.
«Langsames Einspritzen wegen der geringen Herzenergie, lang-
«sames Abfliessen mit Gerinnselbildung und wiederum Gerinn-
«selbildung um die Infusionscanüle: solange Eins beseitigt wurde,
«hatte das Andere Zeit sich zu entwickeln. So kam es, dass wir
«mit unendlicher Mühe im Verlauf von 2 Stunden nur etwa 350
«Ccm. Blut übertragen konnten. Der Puls war bald wieder kräf-
«tiger geworden, und wir gewannen allmälig unzweifelhaft an Ter-
«rain, als ein plötzlicher Zufall uns nöthigte aufzuhören. Mit
«einem Male verengten sich die tastbaren Arterien der Körper-
«oberfläche, die Schleimhäute wurden blass und es trat vollkom-
«mene Unbesinnlichkeit — Ohnmacht — ein. Kurz vorher hatte
«die Kranke noch über das Gefühl von Vollsein geklagt. Die
«Herzthätigkeit nahm nicht ab; sie schien eher noch stärker zu
«werden. Ich glaube, dass die niedrige Temperatur des einge-
«spritzten Blutes die Veranlassung zu diesem Vorgange gewesen

«ist. Ohne Assistenz — der behandelnde College war verhindert
«— mussten wir Beide — [Professor *Jürgensen* und Professor *Völkers*] — «allein für alles sorgen. Es war daher nicht zu ver-
«hindern, dass in der Spritze selbst das Blut kühler wurde. Ich
«gab alle 5 Minuten einen Esslöffel voll Champagner. Nach ¹/₄
«Stunde erholte sich die Patientin etwas, sie hatte sehr starken
«Stuhlgang, welcher aber nur ganz geringe Mengen von Koth zu
«Tage förderte. Es währte etwa eine Stunde, bis Frl. M. sich
«ganz wieder erholt hatte.

«Nicht auf lange. Vor der Operation war der erwähnte Zu-
«stand: heftige Jactationen, Delirien u. s. w. hochgradig ausge-
«prägt gewesen. Jetzt wenige Stunden nach dem erwähnten Zu-
«falle kam er wieder».

Ungefähr 8 Tage später machten *Jürgensen* und *Völkers* bei
derselben Kranken eine zweite Transfusion:

«Wir beschlossen dieses Mal, wenn es irgend zu machen, eine
«grössere Menge Blutes einzuspritzen. Weil aber früher die
«Hauptschwierigkeit durch den langsamen Abfluss des Blutes ge-
«geben, und eine oberflächlich gelegene Vene nicht aufzufinden
«war,» — [Warum wählte man auch dies Mal nicht die Vena saphena
magna? Damit wären doch alle Schwierigkeiten gehoben gewesen; — in die Saphena des einen Schenkels hätte man die Transfusion gemacht und aus der Saphena des anderen Schenkels die
Depletion. Verf.]— «zogen wir es vor die Radialarterie zu wählen.
«— Blut erhielten wir von dem sehr kräftigen und kerngesunden
«Bruder und einem anderen, ebenso beschaffenen Manne. Allein
«auch die Arterientransfusion ging nicht nach Wunsch. Zwar
«quoll aus dem centralen Ende das Blut mit deutlich sich zeigen-
«der systolischer Verstärkung in genügender Menge. Aber das
«Eintreiben des frischen Blutes in den Capillarbezirk der Radialis
«geschah und musste, um Zersprengung der Gefässe zu vermeiden,
«so langsam geschehen, dass sich *in* [! Verf.] der Canüle und um
«dieselbe Gerinnsel bildeten.

«Nachdem 175 Ccm. übertragen, etwas weniger entleert sein
«mochte, standen wir von der Fortsetzung ab. Der Versuch, an
«diesem Arme eine Vene zu finden, misslang, weil in diesen Ge-
«fässen kein Blut enthalten war, welches sie in ihrer Lage bezeich-
net hätte. — Ein Stärkerwerden der Pulswelle während der Ope-
«ration wurde von allen Anwesenden bemerkt. — Es fiel uns auf

»dass die Hautwunden trotz der geringen, in den Venen enthal-
«tenen Blutmenge so stark bluteten, dass die zur Vereinigung der-
«selben nothwendigen Näthe sehr dicht neben einander liegen
«mussten».

Ich frage jeden sachverständigen Leser, ob diese Transfusionen, anders ausgeführt, nicht etwa mit *ganzem* Blute sehr bequem hätte bewirkt werden können?

Der zweite *Panum*'sche Satz, den *Jürgensen* ebenfalls vertreten will, lautet:

Man solle nur gesundes Menschenblut zur Transfusion verwenden.

Hören wir nun zu dieser Forderung das *Jürgensen*'sche Raisonnement:

«Die Berechtigung diese Forderung zu stellen, ist für alle
«diejenigen Fälle, in denen eine *dauernde* [sic! Verf.] Function
«des übertragenen Blutes verlangt wird eine absolute».

Das verstehe ich nicht! Unmöglich kann Professor *Jürgensen* der Meinung sein, dass das gleichartig eingespritzte Blut sich Jahre lang im Organismus erhält? Jedes Blut, sowohl das eigene, das gleichartige oder das fremdartige zerfällt in allerkürzester Frist; man kann dreist annehmen, dass höchstens nach 5 Tagen nicht ein Tropfen des eigenen Blutes mehr vorhanden ist, dasselbe ist, weil verbraucht, durch die Faeces, Urin und Hautperspiration aus dem Organismus entfernt, das nennt man eben Stoffwechsel.

Die Transfusion, abgesehen von den *«ernährenden und entgiftenden Transfusionen»*, hat keinen anderen Zweck, als den blutbereitenden Organen des geschwächten menschlichen Organismus energisch einen *kräftigen Impuls* zur neueren und frischeren Blutbereitung zu geben. Kann das die einmalige oder wiederholte Transfusion nicht, dann ist überhaupt die Transfusion vergeblich. Einen anderen Zweck hat die Transfusion nicht und kann sie auch nicht haben.

Sagt doch *Mosler*[1]) in seinem schon erwähnten hervorragenden Werke über Leukaemie: «Ich hoffte dabei, dass die Trans-
«fusion von mehr als palliativer Wirkung sein möge, *dass die*
«*Veränderung in der Zusammensetzung des Blutes als ein Reiz auf*

Mosler l. c. pag 263

«*die blutbereitenden Organe wirken werde*, wodurch eine Ueberführung
«der weissen in die rothen Blutkörperchen zu Stande komme,
«oder dass eine gewisse Contaktwirkung der gesunden auf die
«kranken Blutkörperchen dieses erziele».

«Auch die Versuche *Mittler's*, — fährt *Jürgensen* fort, — dienen nur
«dazu diesen Satz *Panum's* zu stützen :» — [Nein, sie **stürzen** diesen
Satz *Panum's*. Verf.] — «Ob es erlaubt ist, dann, wenn nur eine
«*zeitweilige* [sic! Verf.] Function von dem fremden Blut verlangt
«wird, geringe Mengen Blutes einer fremden Species zu verwen-
«den,' bleibt bis zu der Entscheidung durch den Versuch frag-
«lich.» — [Wurde schon vor 200 Jahren entschieden. Verf.]—«Nicht
«allein die Intoxication durch Kohlendunst würde ein geeignetes
«Feld für diesen Zweig der Transfusion bieten; auch bei der
«durch Blutungen entstandenen acuten Anaemie würden ein-
«zelne Fälle sich finden, in denen die Methode der directen
«Transfusion — denn hier sind die Versuche *Mittler's* massge-
«bend — kleiner Mengen von Thierblut aus der Arterie des
«Thieres in die Vene des Menschen ihre Berechtigung hätte».
[Die Thierblut-Transfusion in Menschen hat bei *allen* Krankheiten, bei denen eine Transfusion indicirt ist, seine Berechtigung.
Verf.] — «Die giftige Wirkung des Blutserums gewisser Thierar-
«ten auf andere, wie sie durch die Versuche *Creite's* feststehen, ist
«selbstverständlich in erster Linie zu berücksichtigen. Aber hier
«helfen die älteren Versuche mit der Transfusion fremden Blutes
«an Menschen aus, welche den *sicheren* Schluss zulassen,
«dass eine specifisch toxische Wirkung dem Serum des Lammblutes
«nicht zukommt».—[Auch dem Serum des Kalbsblutes kommt eine
specifisch toxische Wirkung im Menschen nicht zu, wie das ebenfalls die älteren Versuche, sowie der Versuch von *Sokolow* in
Moskau beweist. Verf.]

«Abgesehen von dem theoretischen hohen Interesse des
«Gegenstandes ist die Frage, wie oft man in die Lage kom-
«men wird fremdes Blut — in specie Lammblut zu verwenden,
«eine durch locale Eigenthümlichkeiten wesentlich bedingte.
«Wo noch die Sitte des Blutlassens unter dem Volke herrscht,»
— [Diese selbstmörderische Sitte findet man fast nur noch in
Spanien und Italien. Verf.] — «wird der Arzt wohl eben so
«leicht Menschenblut bekommen können. Anders dort, wo der
«Vampyrismus wirklich zu Grabe getragen ist, wie bei uns in

«Kiel und dessen Umgebung. *Hat man eine grössere Ab-*
«*theilung in einem Spitale zur Verfügung, dann ist immer Blut*
«*zu schaffen»* — [Ueber diesen Satz später. Verf.] — «Nicht so in der
«Praxis. Vor mehreren Jahren wurde ich von einem Collegen
«aufgefordert, mit ihm bei einer durch placenta praevia ausgeblu-
«teten Wöchnerin die Transfusion zu machen.

«Als wir in das Zimmer traten, fanden wir dasselbe mit einer
«Schaar luftverderbender Klageweiber gefüllt, welche auseinander
«stoben, als wir von Einer unter ihnen Blut verlangten. Es blieb
«uns Nichts übrig, als die Vorübergehenden auf offener Strasse um
«Blut anzusprechen; schliesslich war denn auch Einer gefunden,
«aber ehe wir mit den Vorbereitungen zu Ende waren, hatte die
«Wöchnerin aufgehört zu leben.

«Diese Erscheinung vor Augen und durch die Tabelle *Mar-*
«*tin's* darüber unterrichtet, dass in mehreren Fällen 2—3 Un-
«zen, ein Mal sogar 1 Unze hinreichend waren, um in den
«nach der Entbindung aufgetretenen Folgen eines hochgradigsten
«Blutverlustes Wandel zu schaffen, wage ich nicht, ein absolutes
«Veto gegen die Anwendung fremden Blutes bei dem Menschen
«in gewissen Fällen festzuhalten.»

Sehr erfreulich ist es, dass *Jürgensen* hier also von dem Panum'schen Satze sich loszumachen bestrebt ist. Das aber
begreife ich nicht, was *Jürgensen* mit dem Satze, dass man
«trotz des zu Grabe getragenen Vampyrismus, doch immer Men-
«schenblut schaffen könne, wenn man eine grössere Abtheilung
«eines Spitals zur Verfügung habe,» sagen will.

Soll das etwa heissen, dass man von jedem zweckdienlichen
Kranken oder Reconvalescenten im Vertrauen auf dessen medicinische Unwissenheit Blut ungefragt nehmen soll, indem man
demselben etwa vorredet, dass der Aderlass zu seinem Besten
geschehe, damit er schneller gesunde?

Ein solches Verfahren wäre, im Falle ein Kranker an
nachfolgender Phlebitis draufgeht, einem Todschlage gleich zu erachten; im Falle derselbe eine Lähmung des Armes acquerirte,
eine mit Criminalstrafe bedrohte Verstümmelung; in jedem
Falle aber ein Betrug und unter allen Umständen ein abscheuli-
cher Frevel, worüber der Staatsanwalt auch ein bedenkliches
Wörtchen mitzusprechen hätte.

Auch das Bereden seiner Pflegebefohlenen zu einem solchen

gefährlichen, mindestens schwächenden Eingriff ist ein verwerflicher, moralischer Zwang und kann nur durch die Jesuiten- Moral vertheidigt werden. Derlei sollte sich der Leiter eines Hospitals nicht zu Schulden kommen lassen. Auch das Kaufen des Blutes von der Armuth ist einfach eine rohe Niederträchtigkeit des Reichthums.

Etwas Anderes ist es, wenn, wie Hüter berichtet, sich edle Menschen freiwillig zu diesem «Opfer» melden; aber ich glaube im Allgemeinen wird man solche edle uud heroïsche Charactere wohl wie Diogenes mit der Laterne suchen müssen, und dann entstände noch die grosse Frage: ob es jetzt noch die eigene Moral des Operateurs erlaubt, nachdem nachgewiesener Massen gewisses Thierblut zur Transfusion tauglich ist, *solch* ein, heroisches Opfer eines edlen Menschen anzunehmen.

Jch wiederhole es: *Nur das Thierblut hat die Zukunft!*

Unter der Ueberschrift: «*Zur Technik der Transfusion*» hat in dieser *Jürgensen*'schen Brochüre Professor Dr. *C. Völkers* einen kurzen, aber lehrreichen Artikel veröffentlicht:

«Der Aufforderung meines Collegen Prof. *Jürgensen*, einige
«Bemerkungen über die Technik der Transfusion seiner Arbeit
«hinzuzufügen, komme ich um so lieber nach, als ich Gelegenhet
«hatte, in zwei Fällen die von *Hüter* vorgeschlagene arterielle Trans-
«fusion auszuführen, und im Verlaufe der Operation Schwierigkeiten
«sich zeigten, die einer Erwähnung werth zu sein scheinen.

«*Die Ausführung der Transfusion durch die Venen hat ja unter
«gewöhnlichen Verhältnissen so wenig Schwierigkeiten, dass man
«kaum ein Wort darüber zu verlieren braucht.* Wir legten jedesmal
«die Vene in grösserer Ausdehnung frei„ —[Die Vene in grösserer Ausdehnung frei zu legen, ist ·nicht rathsam; sehr leicht gerinnt dann durch Kälte das Blut in der freigelegten Vene selber. Verf.],
«banden nach sorgfältiger Blutstillung die Canüle ein»—[das Einbinden ist gefährlich, weil die Venenwände dadurch zu sehr gereizt

---

*) Es scheint Sitte werden zu wollen von den Kranken das Blut zu — nehmen, so berichtet *R. Bahrdt:* Beitrag zur Kenntniss der Nitrobenzinvergiftung. Archiv f. Heilkunde 1871: «Herr Dr. *Eckstein*, Assistenzarzt der chirurgischen Ab-
«theilung des Jacobshospitals, spritzte 60 Gramm defibrinirten Blutes, welches von
«einem *leichten Kranken* der chirurgischen Abtheilung entnommen war, zuerst in die
«Vena mediana des rechten Armes und dann in kleine aber gut sichtbare Venen des
«rechten und linken Fussrückens ein.»

werden und desshalb die Gefahr einer Phlebitis zu sehr in den Vordergrund tritt. Verf.] — «und konnten so mit Sicherheit die Quan-
«titäten des zu- und abgelassenen Blutes bestimmen, was
«so schwierig, ja ich glaube unmöglich ist, wenn man sich jener
«unsicheren Apparate bedient, welche mit einer schneidenden Ca-
«nüle in die Vene eingeführt werden. — Unter Umständen kann
«jedoch eine Schwierigkeit auftreten, die ich nicht erwartet hatte,
«und diese war es, die mich zu der arteriellen Transfusion be-
«stimmte. Schon die erste Operation, die wir an Frl. M.
«(Fall II) ausgeführt, war dadurch erschwert, dass man unter
«der Haut des fetten Armes keine Vene durchsehen konnte, sogar
«nach Anlegung einer Aderlassbinde konnte ich keine erkennen,
«ich machte also eine Incision, die etwa der Lage der Mediana
«entsprach, und nach längerem Suchen gelang es mir, tief auf der
«Fascie eine stärkere Vene, die sich für unsere Zwecke eignete,
«zu finden, Das zweite Mal aber, als die Operation noch obendrein
«bei Licht ausgeführt werden musste. war ich weniger glücklich;
«diesmal entschloss ich mich nach längerem vergeblichen Suchen,
«um einer zweiten, möglicher Weise auch nicht zum Ziele führen
«den Incision aus dem Wege zu gehen, zu der Freilegung der Ar-
«teria radialis. Es wurde genau in der von *Hüter* vorgeschriebe-
«nen Weise verfahren, und waren die Vorbereitungen zu der Trans-
«fusion in wenigen Minuten mit geringer Mühe ausgeführt. Gleich
«beim ersten Andrücken des Spritzenstempels fiel uns jedoch der
«*grosse Widerstand, den ich zu überwinden hatte, auf; dabei*
«*röthete sich die Haut der Hand bedeutend, an einzelnen Stellen wurde*
«*sie blau, bald zeigten sich kleinere und grössere Blutextravasate,*
«*die sich bei fortgesetztem Druck sichtlich vergrösserten, und obgleich*
«*ich sehr vorsichtig und langsam injicirte, musste ich doch einen*
«*solchen Druck mit dem Daumen anwenden, dass ich das feine Ge-*
«*fühl für etwas mehr oder weniger Druck verlor. Die Furcht durch*
«*verstärkten Druck die zarten Gefässe zu sprengen und dauernde*
«*Circulationsstörungen zu veranlassen, liessen uns die Fortsetzung der*
«*Transfusion unthunlich erscheinen.* Nach Entfernung der Canüle
«überzeugten wir uns davon, dass kein Gerinnsel in der Canüle oder
«dem peripheren Ende der Arteria radialis die Ursache dieses
«Widerstandes gewesen sei. Denn nachdem die untere Ligatur
«gelüftet, drang das Blut im Strahl aus der Arterienwunde. *Hüter*
«bespricht in seiner Arbeit diesen Widerstand, den er selbst

«vermuthet hatte, den er aber in praxi nicht fand; in unserem Falle
«war er aber unzweifelhaft und machte sich sehr unangenehm
«fühlbar.»

Die nächste Ursache dieses Widerstandes liegt nun ge-
«wiss in den ausgedehnten Verbindungen der Vorderarmarterien
«untereinander, dann aber muss man berücksichtigen, dass wir hier
«nur ein ausserordentlich kleines Gefässgebiet vor uns haben, wo-
«durch ebenfalls der Widerstand erhöht wird. Um diese Hinder-
«nisse für die praecise Ausführung der Operation zu beseitigen,
«war ich entschlossen, bei nächster Gelegenheit die Arteria brachi-
«alis in der Mitte des Oberarmes, oder die Cubitalis zu wählen,
«hier, dachte ich mir, müsste der rückläufige Strom sich weniger
«geltend machen, und müsste die Grösse des Gefässgebietes die
«reichliche Aufnahme von Blut erleichtern. Bei der oberflächlichen
«Lage der Arterie kann die Operation selbst nicht viel schwieriger,
«die Gefahr der Unterbindung an und für sich nicht viel grösser
«sein, jedenfalls ist die Unterbindung einer solchen Arterie wohl
«meist im Verhältniss zu den Gefahren, die das Leiden bedingt,
«wegen dessen die Transfusion gemacht, kaum in Rechnung zu
«bringen. (? Verf.)

«Ende Juni bot sich nun ein solcher Fall, wo auf Wunsch mei-
«nes Collegen *Jürgensen* in seiner Klinik bei einem 6jährigen Kinde die
«Transfusion ausgeführt werden sollte. Ich legte die Art. brachial.
«in der Mitte des Oberarms frei und band meine Canüle ein; dies-
«mal gelang die Einführung des Blutes mit grosser Leichtigkeit,
«nur ein geringer Druck, vielleicht wenig mehr, als bei der venö-
«sen Transfusion, war nöthig; wohl röthete sich der Arm und die
«Hand, aber von den bedrohlichen Erscheinungen, wie wir sie bei
«der ersten Transfusion sahen, fanden wir nichts. Auf mich und
«die umstehenden Collegen machte die Operation entschieden den
«Eindruck einer leichten, im Gegensatz zu der früheren.

«Ich weiss wohl, dass zwei Beobachtungen auf diesem Gebiete
«noch nicht geeignet sind, ein festes Urtheil darüber zu gewinnen,
«ob die arterielle Transfusion der venösen unbedingt vorzuziehen,
«jede hat ihre Schatten- und Lichtseiten; ich für meine Person
«würde aber nach meinen jetzigen Erfahrungen *ihrer Leichtigkeit*
«*wegen die Injection durch die Venen vorziehen,* wenn nicht Hin-
«dernisse in der oben beschriebenen Weise mich zu der arteriellen
«Transfusion zwingen würden.» Soweit Völker's.

In der vorhin besprochenen Arbeit über «die arterielle Transfusion» macht *Hüter* auf die Dissertation eines seiner Schüler: «*F. W. Hertzberg*, Die Transfusion des Blutes. Greifswald 1869.» aufmerksam.

Obgleich nun diese Dissertation nicht im Buchhandel erschienen ist, so gelang es mir dennoch, freilich nach Ueberwindung einiger Schwierigkeiten, mich in Besitz dieser Erstlingsarbeit zu setzen.

Ich war nun über die Entdeckung sehr erheitert, dass sich der Herr Doctorandus in dieser seiner Schrift vorherrschend mit meiner früheren kleinen Brochüre über Transfusion beschäftigt hat und die dort ausgesprochenen Ansichten in baroque-burschikoser Weise zu widerlegen sich bestrebt.

Dass nun Herr *Fried. Wilh. Hertzberg aus Pommern* ein glühender Anhänger der Defibrination ist, wundert mich nun weiter nicht, denn Solches haben ihm ja seine Lehrer, die H. H. Professoren *Landois*, *Mosler und Hüter* gesagt, folglich muss es ja wahr sein; — der treffliche Professor *Häser* befand sich leider zu Herrn *Hertzberg's* Zeiten nicht mehr in Greifswald, andernfalls ihn dieser geistreiche, für seine Schüler unvergessliche Lehrer in seiner stets bis auf den letzten Platz besuchten Vorlesung über «Encyclopädie und Methodologie der Medicin» belehrt hätte, wie solche Jünger der Wissenschaft zu benennen sind, die das «Jurare in verbis magistri» zur Richtschnur ihres Denkens und Handelns genommen haben; — das aber wundert mich sehr, dass Herr *Friedrich Wilh. Hertzberg* aus *Pommern* nicht soviel Takt besessen hat, unter der Adresse meiner doch ihm bekannten Verlagsbuchhandlung, mir, dem auf jeder Seite seiner Dissertation Angegriffenen diese seine Angriffe zuzuschicken. — Solche Unterlassung ist eben unritterlich und ein sich zum Gelehrtenstande Rechnender, ganz besonders aber ein Mediciner, soll unter allen Umständen ein ritterlicher Charakter sein; — nichts destoweniger will ich letztere Eigenschaft an Herrn *Friedrich Wilh. Hertzberg* voraussetzen und will diesen seinen Fehler auf jugendliche Unerfahrenheit schieben, an welcher seine Erstlingsarbeit ohnehin so bedenklich reich ist.

Wenn ich nun solcher Dissertation die Ehre einer näheren und eingehenden Widerlegung und Antikritik widerfahren lasse, so ge-

schieht es desshalb, weil solche Abfertigung resp. Belehrung ab
und zu auch an *andere* Adressen gerichtet ist.

Es ist eine uralte Sitte, dass Lehrer durch die Dissertationen
ihre Schüler Dinge verkünden lassen, die auszusprechen ihnen selber vielleicht unbequem sind, und muthig wirft sich dann so ein
junger Partisan in's Feuer.

Diese Dissertation giebt mir die erwünschte Gelegenheit in
polemischer Weise — in der Form eines Opponenten e corona —
den Defibrinations-Autoritäten mit noch weiteren, schlagenden
Gründen die Unhaltbarkeit und Verwerflichkeit ihres physiologischen Verbrechens gegen die Natur zu beweisen, sie zu der Ansicht zu bringen, dass die Defibrination absolut nicht auf Wahrheit beruht, dass dieselbe nur gedankenloser jämmerlicher Auto-
ritäts-Götzendienst und zwar antiphysiologischer ist.

Sehen wir uns daher diese Dissertation des Herrn Doctoranden etwas näher an.

Abgesehen davon, dass derselbe, rührender Weise, glaubt mit
den 870 Druckzeilen seiner mit dem stolzen Titel «Die Transfu-
fusion des Blutes» geschmückten Dissertation diese gewaltige
Frage wissenschaftlich behandeln zu können, abgesehen davon
dass die ersten 8 Seiten von den 29 Klein-Octav-Seiten das
allgemein bekannte Geschichtliche in oberflächlichster Weise enthalten, bemerkt endlich selbständig auf der neunten Seite der gelehrte
Herr Doctorandus:

«Besonders ist es unsere Universität, und hier sei es mir vergönnt
«die Namen meiner hochverehrten Lehrer, die Herren Professoren *Mos-*
«*ler und Hüter* zu nennen, die durch die Transfusion vermittelst des
«defibrinirten Blutes die Frage, ob Defibriniren oder nicht, **für**
«**uns** *wenigstens zum* **vollständigen** *Abschluss gebracht haben.*»

Bravo, Herr Doctorandus aus Pommern; nur immer: Jurare in
verbis magistri!»

Nachem nun der Herr Doctorandus auf so eminent geistreiche
Weise die Frage der Defibrination endgültig entschieden hat,
wendet er sich sofort zur kritischen Besprechung meiner im Jahre
1868, erschienenen Brochüre, in welcher ich für die Verwendung
des Capillar-Blutes zur Transfusion plaidirte und gegen die Defibrination mich ausgesprochen:

«Ich weiss nicht, ob die Behauptungen des Herrn *Gesellius*

«schon irgendwo einer näheren Prüfung unterzogen sind,» — [Da wäre es Pflicht des Herrn Doctoranden gewesen, die Litteratur durchzusehen; freilich das Nichtdurchsehen ist bequemer! Verf.] — «halte es daher für meine Pflicht, auf einige Irrthümer «in jener Brochüre, die auf den ganzen Inhalt doch gar zu arg «influiren, aufmerksam zu machen.» — [Welch' lobenswerther Eifer! Verf.]

«Wenn Herrn Gesellius die von anderen Autoritäten ange‑
«führten Gründe gegen das Defibriniren, nämlich:

«1) Die minderbelebende Kraft des defibrinirten Blutes,

«2) das Eintreten plötzlicher Todesfälle nach Injection desselben «überzeugend zu sein scheinen, so lässt sich gegen eine individuelle «Ueberzeugung von *wissenschaftlicher Seite* freilich nichts sagen» — [Glaubt der Herr Doctorandus wirklich ernsthaft, dass diese seine Dissertation eine «wissenschaftliche Seite» hat? Verf.] — ko‑
«misch indessen bleibt doch, dass die Anhänger des Defibri‑
«nirens einerseits eine belebende Kraft des defibrinirten Blutes «nirgends vermissen, andrerseits freilich nicht die Kunst besessen «haben, durch Transfundiren desselben Jemand *auf der Stelle* aus «der Welt zu schaffen.»

Nur keine Fälschung, Herr Doctorandus! Dies *«auf der Stelle»* hat Niemand behauptet!

«Uebrigens bleibt der Verfasser *uns* jeden auch nur annähernd «wissenschaftlichen Beweis für seine beiden Behauptungen schuldig«·

Nun, ich denke, wenn dem in Wirklichkeit so wäre, so hätte ich diese Schuld in vorliegender Arbeit auf das Reichlichste abgetragen.

»Wenn ferner der Verfasser jener Brochüre, sich berufend auf «andere Autoritäten, der Ansicht ist, dass der Fibrinreichthum «des transfundirten Blutes bei Lungen-, Magen-, Darm- und Ute‑
«rin-Blutungen, dieselben durch Gerinnung in den blutenden Ge‑
«fässen zum Stehen bringen soll, so verkennen sowohl seine Au‑
«toritäten als er selber etwas den physiologischen Zusammenhang «der Dinge».

Also der Herr Doctorandus weiss das besser!

«Ich wüsste überhaupt keinen Fall» — [Was doch recht viel sagen will, wenn der Herr Doctorandus keinen Fall weiss! Verf.] — «wo «man transfundirt hätte, weil es blutet; ich meine die Transfu‑
«sion kommt doch *immer* erst in Frage, nachdem es geblutet hat».

Das ist nun eben eine grundfalsche Meinung; der Herr Doctorandus hätte sich doch aus seiner Bequemlichkeit aufraffen sollen und die Transfusions-Litteratur, bevor er seine Dissertation schrieb, durchstudiren sollen, dann würde er sich nicht so arg compromittiren.

Zu seinem und ähnlich Unwissender Nutzen und Frommen führe ich nur folgende Fälle aus der so reichen Litteratur an:

Bei noch bestehenden Blutungen nach Geburten wurde die Transfusion mit Erfolg von *Blundell* u. *Doubleday*[1]) 1825 gemacht; von *Clement* bei noch heftiger Blutung nach Abortus; von *Howel Ravis* u. *Doubleday*[2]) 1828 bei fortdauernd mässiger Blutung; *Klett* u. *Schrägle*[3]) stillten erst die 18stündige Blutung durch die Transfusion; ebenfalls gelang dasselbe *Klett*[4]) bei einer anderen Verblutenden; auch *Kilian*[5]) machte 1831 bei zwei verschiedenen Wöchnerinnen, bei denen die Metrorrhagie wegen Erschlaffung des Uterus nicht stehen wollte, mit Erfolg die Transfusion; *Banner*[6]) stillte 1835 eine zwölfstündige Metrorrhagie nach einem Abortus erst durch die Transfusion; *Schneemann*[7]) vermochte ebenfalls erst durch die Transfusion Herr der Blutung bei einer Entbundenen zu werden. Ausser den eben Genannten transfundirten während noch bestehender Blutung die Operateure: *Kilian, Healy* und *Fraser, Richard Oliver, Wolf, Abele, Bery, Wheatkroft, Dutems, Martin* u. andere.

Ich bemerke, dass bei Sämmtlichen die Transfusion mit ganzem Blute vorgenommen wurde.

Sehr merkwürdig ist der Fall von *Uyterohwen* u. *Bouyard*[8]): Die Patientin eine Frau von 30 Jahren litt seit vier Jahren fortwährend an Haemorrhagien aus Augen, Nase, Mund, Ohren. Magen, Lungen und Uterus. Alle Mittel waren vergeblich. Es wurden in 3 Sitzungen zu verschiedenen Zeiten jedesmal, wenn die Blutung

---

[1]) *Lancet.* 1825. 8. October; Ch. Waller's Observation on the Transfusion of Blood. London 1825.
[2]) *Lancet.* 1828. 2. Febr.
[3]) *Lancet.* 1828. 9. Febr.
[4]) Würtemberg. Correspondenzblatt. 1834, Nr. 16.
[5]) *Matth ,Vit. Schiltz.* Disser. pag. 18 u. 19
[6]) London Med. and Surg. Journal. 1833 pag. 558.
[7]) *Rust's* Magazin. Bd. 37. pag. 437.
[8]) Gazette médicale. 1850 pag. 132.

am heftigsten war, 2 Unzen ganzen Blutes transfundirt; nach jedesmaliger Transfusion stand das Blut sofort, der Puls fiel von 108 auf 88; die Besserung wurde nach der dritten und letzten Transfusion so auffallend, dass die Patientin schon im Begriff war, das Krankenhaus zu verlassen, als nach 4 Monaten eine heftige Metrorrhagie auftrat und der Tod erfolgte.

Ganz neuerdings erzielte *Roussel*[1]) einen günstigen Erfolg bei noch bestehender Metrorrhagie nach Abortus durch directe Transfusion.

Martin[2]) sagt pag. 78 seiner Transfusions-Monographie:

«Da aber die Transfusion die Anwendung der eben erwähnten
«Mittel zur Blutstillung nicht hindert, vielmehr bei der heilsamen
«Einwirkung eines gehörig beschaffenen Blutes auf die Contraction
«der Muskelfasern die wünschenswerthe Thätigkeit des Uterus
«befördern muss, so scheint kein Grund vorhanden, die Trans-
«fusion nicht *schon während einer gefahrdrohenden Blutung* zur An-
«wendung zu bringen, vorausgesetzt, dass man desshalb nichts ver-
«absäumt, was zur Sistirung selbst beitragen kann. *Dieses ist auch
«in zahlreichen Fällen mit Erfolg geschehen.*„ Soweit Professor *Martin*, Herr Doctorandus.

«Nach diesen Einwänden gegen das Defibriniren des Blutes», erlaubt sich der Herr Doctorandus fortzufahren, «kommt Herr «Gesellius noch zu einigen selbständigen (! Verf.) Betrachtungen. «Zunächst hält er das fibrinhaltige Blut bei ernährender Transfu-
«sion für viel günstiger, «ernährender», da ja, wie *Brücke* nachge-
«wiesen haben soll, Fibrin nichts anderes sei als Albumin. So
«viel mir bekannt, sind Brücke's Ansichten über Fibrin nicht mehr
«die massgebenden; indessen, eine Behauptung *Brücke's* wie die
«vorstehende existirt nicht.» —[Weiss der Herr Doctorandus das Alles so genau? Verf.]—«Mir wenigstens scheint es, als ob *Brücke*
«unter Fibrin nur eine Unterabtheilung des Albumin, also etwa ein De-
«rivat desselben versteht, das sich schon durch seine frühe Ge-
«rinnung wesentlich vom Albumin unterscheidet.»

Der Herr Doctorandus hätte besser gethan, bevor er vorstehende aus der Luft gegriffene Interpretation *Brücke*'scher Anschauung zum Besten gegeben, erst Brücke's Arbeiten anzusehen. Da

---

[1]) *Roussel*, Archiv de l'anat. et de la physiolog. Nr. 5. 1867.
[2]) L· c.

Doctorandus wahrscheinlich nicht weiss, wo dieselben zu finden, so will ich ihm die Titel verrathen: *Brücke*: On the cause u. s. w., the brit. and for med. chir. review 1857, №. XXXVII, sowie Archiv für path. Anat. Bd. XII.; auch findet der so belesene Herr Friedrich Wilh. Hertzberg das Genauere über *Brücke*'s heutzutage noch vollgültige Anschauung in dem bekannten Lehrbuch der Physiologie von *Otto Funke*, woselbst er klar ausgesprochen finden kann, dass *Brücke* Fibrin für nichts Anderes hält, als «modificirtes Albumin».

Zu den Albuminaten rechnet die ganze physiologische Welt bis zum heutigen Tage das Fibrin. Ich kann nun nicht begreifen, wie der Herr Doctorandus nachfolgende Worte in meiner Schrift angreifen kann:
«dass der Faserstoff aus dem venösen Blute sich in Eiweiss auflö-
«sen lässt (*Scherer*); dass eine grosse Verwandtschaft zum Albu-
«min sich chemisch nachweisen lässt; dass *Brücke* sogar das Fi-
«brin im Blute für nichts anderes als Albumin hält, was entschie-
«den wichtig für «ernährende Transfusionen» sein dürfte.»

Hat sich der Herr Doctorandus einmal klar gemacht, bei welchen desolaten Zuständen die «ernährende Transfusion» eintreten soll?

Wenn man nach *Budge* die normale Blutmenge eines Erwachsenen zu 12 Pfund annimmt, so hat nach *Budge* das gesammte Blut nur ³/₈ Pfund Eiweiss. Ist es dem Herrn Doctorandus so schwer zu begreifen, dass wenn man sich schon zu «ernährenden Transfusionen» entschliessen muss, aller Wahrscheinlichkeit nach diese ³/₈ Pfund Eiweiss im Blut des Kranken verzehrt sind, dass man daher sehr unpraktisch handeln würde, wollte man dem verarmten Organismus ein fibrinloses Blut einspritzen, — ein Blut, das doch unläugbar ärmer an Proteinstoffen ist, als das ganze.

Zu dem von mir angeführten Ausspruch *Magendi's*, dass der Faserstoff den Durchgang des eingespritzten Blutes durch die engen Lungencapillaren befördere und dass das Fehlen desselben zu serösen und sanguinolenten Transsudaten in der Lunge und im Darmkanal Veranlassung gebe, dass die gesammte so reichhaltige Litteratur über Transfusionen mit *nicht* defibrinirtem Blute keinen einzigen unglücklichen Fall, hervorgerufen durch die Transfusion als solche, kennt, bemerkt Herr Doctorandus sehr geistreich:
«Das muss zu der Vermuthung führen, dass das defibrinirte

»Blut nur in den Händen seiner Gegner zu so bösen Resultaten «geführt hat, wenigstens wurden dieselben auf der Seite ihrer An-«hänger stets vermisst. **Geradezu naiv** (sic! Verf.) aber erscheint «die Behauptung *Gesellius*, dass das Blut durch das Defibriniren «mehr oder minder todt gepeitscht werde. Er vindicirt nämlich «dem Blute im Allgemeinen, nicht etwa den Blutkörper-«chen, ein gewisses vegetatives Leben, welches zwar ausserhalb «des Körpers eine kleine (wie lange?)»— [Bis es geronnen ist. Verf.] —«Zeit fortgesetzt, durch das Peitschen, Defibriniren mehr oder «minder getödtet werde. Er kommt daher zu dem Schlusse, das «defibrinirte Blut als ein mehr oder minder abgestorbenes anzusehen «und im Hinblick auf die Gefahr der serösen und sanguinolenten «Transsudate in Lunge und Darmkanal für verwerflich zu erklä-«ren sei».

Es freut mich dem Herrn *Friedrich Wilh. Hertzberg* und anderen blinden Anhängern des «mehr oder minder durch Peitschen abgestorbenen Blutes» für diese meine damaligen Behauptungen heute die endgültigen Beweise beibringen zu können und zwar hat diese Beweise *A. Heynsius*[1]) 1870 geliefert.

Heynsius hatte unter Andern gefunden, dass nach dem Auffangen des Blutes in einer verdünnten auf 0 Grad abgekühlten Cl. Na. Lösung das verdünnte Plasma auch nach Beimischung von Globulin viel weniger Fibrin liefert, als aus dem Blute gewonnen wird. Er glaubt daher, *dass erst beim Absterben der Blutkörperchen die wesentlichste Quantität fibrinogener Substanz aus den Blutkörperchen in das Plasma übertrete* und dass dies letztere an sich nur wenig enthalte. Nach manchen vergeblichen Versuchen *gelang es ihm dies mit Pferdeblut zu erweisen*. An einem Tage, an welchem das Thermometer in der Luft — 3 Grad zeigte, wurde Blut vom Pferde in Kochsalzlösung von 0,5 p. Ct. und von 1 p. Ct. aufgefangen. Die halbprocentige Lösung erwies sich als nicht brauchbar; in der einprocentigen Lösung hatten die Blutkörperchen sich gut abgesetzt. Die Flüssigkeit war farblos und ohne Gerinnung, die Blutkörperchen bildeten eine hellrothe Lage auf dem Boden des Gefässes; sie wurden auf 0 Grad abgekühlten Serum vertheilt und in ein warmes Zimmer gestellt. Es kam

---

[1]) *Heynsius, A.* Der directe Beweis, dass die Blutkörperchen Fibrin liefern. Arch. f. die gesammte Physiologie. III. S. 414. 1870.

2. Mediate transfusion with pure blood has been performed by Mr. Higginson, of Liverpool, in fifteen cases, of which ten were successful. His instrument resembles a syringe, but is bulky, owing to the precautions taken to keep the blood and the instrument warm, and to prevent the entrance of air into the vein. These contrivances would seem superfluous, in view of the recent discovery that heat promotes coagulation, and cold retards it. The entrance of air into the veins is, moreover, not now regarded with the same apprehension as of old, for Oré has shown that, although a large quantity of air, forced into the femoral vein of a dog, will cause death in a few minutes, a small quantity may be introduced with impunity *(Etudes sur la Transfusion du Sang.* Paris, 1868).

3. Immediate transfusion from vein to vein has been revived and perfected by Dr. Aveling *(Obstetrical Journal of Great Britain* i. 5 and 6), whose instrument, as he very justly remarks, forms an anastomosis between the circulatory systems of the two individuals (they become Siamese twins for the time being). It consists of a rubber tube, about a foot long, with a bulb at the centre. Two canulæ are inserted into one of the larger brachial veins of the patient and of the blood-donor respectively—the former being directed toward the heart to discharge the blood, and the latter toward the periphery so as to receive it. There are no valves to the central pump, for fear they might become centres for the formation of fibrinous clots; as a substitute for them, the finger and thumb of the left hand are made to compress the tube on one or the other side of the bulb, according as the bulb is expected to forward its contents toward the patient, or to refill itself from the veins of the donor. Before being affixed to the canula, the tube is filled with warm water, so that the first syringe-full injected is pure water; this has not proved deleterious. This process is repeated as often as is thought desirable, the amount of blood transfused being gauged by the number of times the pump is emptied, its capacity being two drachms. This procedure of Dr. Aveling's has been seven times successfully applied in England, and it certainly offers more advantages than any of the others. These advantages are thus stated by the author:—

a. The exact quantity of blood required is taken from the donor, and no more.

b. No delay is caused by previous complicated manipulations of the blood, it being allowed to pass from vein to vein physiologically unchanged.

c. The chances of coagulation are small, because the blood is removed from the action of the living vessel for only a few seconds, and glides smoothly through the India-rubber tube, without being exposed to the air.

d. The apparatus is effective, simple, portable, inexpensive, and not likely to get out of order.

e. The operation is safe, uninterrupted, and a close imitation of nature.

4. Immediate transfusion from artery to vein is the oldest form, and was not, at the outset, very difficult, as the early operations were confined to animals. The direct transfusion of a lamb's blood into veins of human beings is illustrated by cases reported by Dr. Oscar Hasse, in the *Allgemeine Weiner Medizinische Zeitung* for December, 1873 (*London Medical Record,* Dec. 31, 1873), where the patients were suffering from phthisis, chlorosis, dysentery, &c., all of whom received benefit. The blood of the lamb is preferable to that of other animals, because its corpuscles most nearly resemble in size those of man. No one has yet been bold enough to recommend, or practise, the opening of an important human artery for the purpose of arterial transfusion.

1873 (*London Medical Record*, Dec. 31, 1873), where the patients were suffering from phthisis, chlorosis, dysentery, &c., all of whom received benefit. The blood of the lamb is preferable to that of other animals, because its corpuscles most nearly resemble in size those of man. No one has yet been bold enough to recommend, or practise, the opening of an important human artery for the purpose of arterial transfusion.

The *modus operandi* of transfusion is not understood, though there is a belief, generally prevalent, that the blood injected goes directly to the heart, which is aroused to increased action by the presence of its natural stimulus. Hüter, however, seems to have satisfactorily demonstrated that the blood does not go directly to the heart, but is diffused in the general venous system. The whole subject needs investigation, and, if its employment continues to yield as good results as it promises to do, experimenters will be amply repaid for all the time and labor which they may bestow upon it.

Action of Ergot on the Bladder.—Dr. Wernich (*Centralblatt für die Medicinischen Wissenschaften*) expresses the opinion that the fulness of the bladder, after the administration of this drug, is due, not only to retention of the normal amount of urine, owing to the irritant action exerted upon the sphincter vesicæ by the preparations of ergot, but also to an increase in the amount of that fluid secreted. The practical bearing of this view is, that the bladder must be repeatedly emptied after ergot has been given, whether during or subsequent to labor.

Injection of Perchloride of Iron in Post-partum Hæmorrhage.—On February 5, 1873, Dr. H. Smith (*Obstetrical Journal of Great Britain*, i., 1) reported a case to the Obstetrical Society of London, in which he had resorted to this treatment to check a persistent secondary hæmorrhage. He began with a solution of one part of liquor ferri perchloridi fortior to eight parts of water, and increased the strength on the following days, until the twenty-first, when he injected two drachms of the pure liquor. This arrested the bleeding, but gave rise to immediate acute pain. On the twenty-fifth day, the patient was delirious, and had a brown, offensive discharge; on the twenty-eighth day, she died. At the autopsy, the source of the hæmorrhage was found to be an artery, which hung out more than an eighth of an inch from the uterine wall, near a small mass of placenta. The author's deductions are:—

1. That post-partum hæmorrhage, after complete contraction of the uterus, and, therefore, after the uterine sinuses have been emptied of blood, is arterial.

2. That when a solution of the perchloride of iron is injected into the uterus, the sinuses take it up and carry it into the veins, the surrounding tissues becoming stained.

3. That the perchloride of iron does not produce contraction, nor,

gentle blowing of the operator, with his mouth applied to the open top of the cylinder. The apparatus is spoken of as comprising every possible requirement in a small compass.

2. Mediate transfusion with pure blood has been performed by Mr. Higginson, of Liverpool, in fifteen cases, of which ten were successful. His instrument resembles a syringe, but is bulky, owing to the precautions taken to keep the blood and the instrument warm, and to prevent the entrance of air into the vein. These contrivances would seem superfluous, in view of the recent discovery that heat promotes coagulation, and cold retards it. The entrance of air into the veins is,

vollkommene Gerinnung mit Bildung eines Kuchens zu Stande und es fand sich, dass von dem Fibringehalte des Blutes 91 p. Ct. den abgeschiedenen Blutkörperchen und nur 9 p. Ct. dem Plasma zugehörten.

Also aus diesen Versuchen von *Heynsius*, wie ich weiter unten noch mehr begründen werde, folgt:

1) *Dass das Fibrin nur das ausgeworfene Product der Blutkörperchen ist,*

2) *dass jedes Blutkörperchen, ausserhalb des lebenden Organismus, das seinen Fibrin abgegeben* **abgestorben** *ist,*

3) *dass somit ein Blut, welches* **völlig** *entfasert ist, zur Transfusion nicht nur unbrauchbar, sondern sogar schädlich ist.*

Zu dem ersten aufgestellten Satze: dass das Fibrin *nur* das ausgeworfene Product der Blutkörperchen ist, bemerke ich, dass *Heynsius* sich irrt, wenn er dem Plasma 9 p. Ct. Fibrin vindicirt. Das Plasma an sich enthält gar kein Fibrin; das Fibrin, was *Heynsius* daselbst gefunden, war *während der Zeit der Gewinnung* aus dem lebenden Pferde, also in dem Augenblicke, als das Blut in die Aussenwelt trat, von einer kleinen Anzahl Blutkörperchen ausgeworfen worden.

Zum zweiten Satze: dass jedes Blutkörperchen, ausserhalb des lebenden Organismus, das seinen Fibrin abgegeben hat, abgestorben ist, bemerke ich, dass von den 117 bis dahin verzeichneten Transfusionen mit defibrinirtem Blute, von denen 36 nicht tödtlich verliefen, diese günstigen 36 Fälle absolut nicht gegen diesen Satz sprechen, indem bei der gebräuchlichen Defibrinations-Manipulation nicht *sämmtliche* Blutkörperchen absterben, sondern nur ein grosser Theil. Der Beweis für diesen meinen Ausspruch liegt in Folgendem:

Wenn man frisch gewonnenes Menschenblut während 15 Minuten defibrinirt, das Fibrin entfernt und die flüssige Blutmasse durch enge Leinewand filtrit, und etwa nur eine Stunde wartet, so hat sich je nach der Temperatur entweder schon ein geronnener Blutkuchen, der nur nicht so gallertartig, wie der vom ganzen Blute ist, gebildet; oder aber man kann durch dieselbe Defibrinations-Manipulation 'zum zweiten Male Fibrin, nur in geringerer Menge, aus diesem Blute erzielen. Daraus ergiebt sich, dass nicht alle Blutkörperchen bei der ersten Defibrination ihr Fibrin als letzte Lebensarbeit ausgeworfen hatten. Es liegt daher die

Vermuthung nahe, dass die älteren Blutkörperchen zuerst ihre letzte Arbeit des Fibrinproducirens vornehmen, die jüngeren und desshalb wahrscheinlich zäheren später.

Wie schon früher bemerkt ist *Schatz* das Vorkommniss passirt, dass er die Transfusion nicht durchführen konnte, weil ihm sein musterhaft *defibrinirtes* Blut gerann!

Da es mir von Interesse war zu wissen, wieviel *nicht* abgestorbenes Blut durchschnittlich in dem nach der gewöhnlichen Defibrinations-Methode behandelten Blute sei, defibrinirte ich bei Zimmertemperatur zum zweiten Mal nach ungefähr einer halben Stunde 6 Unzen defibrinirtes Menschenblut und erhielt, berechnet nach dem Gewichte des Fibrin aus ganzem Blute, soviel Fibrin als etwa 6 Drachmen ganzes Blut auswerfen, es wäre also damit glänzend der Nachweis geführt, dass in jeder Unze defibrinirten Blutes sich etwa nur eine Drachme Blut mit vegetativem Leben vorfindet, und lediglich auf dieser Drachme guten Blutes pro Unze beruhen die wenigen Erfolge mit defibrinirtem Blute; — es scheint mir darin auch der Beweis zu liegen, wie wenig Blut man im Grossen und Ganzen, trotz *Hüter*, zur Transfusion nöthig hat.

So berichtet *Braun*[1]) in Wien eine instructive Erfahrung:

Er machte nämlich bei einer hochgradig Anaemischen die Transfusion, bei der das Colorit der Lippen und Haut des Gesichtes gelb war, die Ermattung so hochgradig, dass sie kaum eine Hand bewegen konnte, die Schwerhörigkeit so bedeutend, dass man mit lauter Stimme sprechen musste, um verstanden zu werden, dazu Kopfschmerzen, Funkensehen etc., genug alleräusserste Schwäche, «der Erfolg der Operation war ein überraschen-«der, da kaum eine Unze ganzen Blutes» — [eine Unze ganzen Blutes entspricht nach obiger Berechnung 8 Unzen defibrinirten Blutes! Verf.]» — «in den Kreislauf gebracht wurde, und selbst «diese kleine Menge brachte eine ausserordentliche Wirkung hervor. «Die Wangen färbten sich in kurzer Zeit roth, und ebenso stellte «sich eine Röthe der Lippen ein.»

Wenn der Herr Doctorandus in seiner Dissertation bestreitet, dass: «die minimale Quantität des defibrinirten Blutes derartig «auf die Qualität des Gesammtblutes des Patienten einwirken soll,

---

[1]) *Gustav Braun*, Professor in Wien, Wiener medicinische Wochenschrift 1863 pag. 326.

«dass *einerseits der Blutdruck in den blutenden Gefässen sich mindert*, «andrerseits der Tonus des umgebenden Gewebes sich hebt», so will ich für den Herrn Doctorandus und ähnlich Denkende den Nachweis zu führen suchen, dass «die minimale Quantität Fibrin des transfundirten Blutes» ganz besonders nöthig zur Trombenbildung gerade bei den gefährlichsten Fällen ist und zwar bei jenen, wo die Blutung durchaus nicht von selber stehen will.*

Freilich bestreitet schon vorhin Herr Doctorandus aus Mangel an Litteraturkenntniss solche Vorkommnisse, indem er bei inneren Blutungen meint, dass *sich immer von selber eine Trombenbildung unter allen Umständen bildet*, denn so lautet auch sein nachfolgender Gedankengang:

«Meiner Ueberzeugung nach wird eine Blutung in allen inneren «Organen nicht eher zum Stehen kommen, als bis der Blutdruck «in den blutenden Gefässen so geschwächt ist, dass er eine Trom-«benbildung zu Stande kommen lässt.» — [Daraus würde logisch zu folgern sein, dass ein *wirkliches* zu Todebluten nicht vorkommt, denn das Bluten kann nur bis zu einer gewissen Grenze gehen, dann kommt — nach Doctorandus — absolut die Trombenbildung. Verf.] «Durch Transfusion während einer solchen Blutung «wird, glaube ich — überhaupt mehr geschadet, als genützt.» — [Abgesehen nun davon, dass, wie vorhin gezeigt; die Empirie schon das Gegentheil bewiesen hat, müsste man — denken wir uns z. B. eine heftige Metrorrhagie nach Abortus — so lange die Hände in den Schooss legen, bis absolut kein Blut mehr aus der Vagina treten würde; — da aber die Gebärmutter, sowie die Scheide voll flüssigen Blutes und Gerinnsel, sind, denn das liegt in der Natur der Sache, so würde der gewissenhafte Operateur um sich davon zu überzeugen, ob die gütige Trombenbildung schon eingetreten und ob desshalb nicht das noch fortwährende Aussickern des Blutes aus der Scheide nicht von dem dort durch massenhafte Gerinnsel aufgestauten Blutes im Verein

---

*) Herr Doctorandus nimmt, wie vorhin schon besprochen, an: dass die *inneren* Blutungen *erst stehen* müssen, bevor man transfundiren dürfe, denn durch die Transfusion würde «1)der Blutdruck in den blutenden Gefässen so stark, dass er die sich bil-«denden Gerinnsel stets wiederfortspült.

2) der Tonus des umgebenden Gewebes ist so erschlafft, dass das die Blutung stil-«lende Contractions-Vermögen vollständig fehlt».

mit dem Blutwasser komme, die Gebärmutter und Scheide zu reinigen suchen; freilich würde viel kostbare Zeit verloren gehen, vielleicht durch solche Reinigungs-Insulte die möglicher Weise schon gestopfte Blutung wieder frisch angeregt werden, und das berüchtigte «zu spät» eintreten, aber als gewissenhafter Mann, *soll und muss man auf die Trombenbildung warten, denn sonst wird ja durch die Transfusion mehr geschadet als genützt* — so sagt Herr Doctorandus! Verf.] — «Hat sich indessen ein Trombus gebildet, so «wird einerseits das transfundirte Blut durch vermehrten Blut-«druck nicht mehr störend wirken, andrerseits wird es durch He-«bung des Tonus der glatten Muskelfaser die Blutung für immer «beseitigen.» — [Wenn sich schon ein Trombus gebildet hat, so steht eben die Blutung, dann braucht nicht mehr «die Hebung des Tonus der glatten Muskelfaser die Blutung zu beseitigen,» das ist ein Gallimatthias; wahrscheinlich wollte Herr Doctorandus sagen: dann wird die durch die Transfusion hervorgerufene Hebung des Tonus der glatten Muskelfaser die Wiederkehr der Blutung verhindern. Verf.] — «Für beide Erscheinungen indessen «ist die Anwesenheit des Fibrin vollständig irrelevant.»

So? Nun das Gegentheil ist gerade der Fall, und das zeige ich in Nachfolgendem:

In denjenigen Fällen von innerer Verblutung, wo **nur** noch Lebensrettung durch die Transfusion zu erwarten steht, bewirkt die Transfusion,

1) *dass der Blutdruck in den so völlig erschlafften blutenden Gefässen* sich **mindert**, und zwar desshalb, weil

2) nicht nur der Tonus des ganzen Körpers, sondern in specie auch des erschlafften Gewebes des blutenden Gefässes derartig durch die Transfusion gehoben wird, dass auf die durch vorhergegangene auf die Nerven des Gesammtkörpers deprimirend und chokartig gewirkten Insulte (Abort, Geburt, Verwundung etc.) lahmgelegte Contractions-Energie des Gesammt-Körpers nicht nur, sondern auch des blutenden Gefässes durch den lebenden Reiz des neu transfundirten ganzen Blutes eine solche lebhaft gesteigerte Reaction gegenüber der vorherigen Erschlaffung hervorgerufen wird, dass darin mit die grösste Bedingung der Blutstillung liegt, sowie der Anreiz des blutenden Gefässes zur Trombenbildung.

3) Das eingespritzte Blut muss absolut **ganzes** sein.

Da, wie der Heinsius'sche Nachweis zeigt, Fibrin nur die letzte

Lebensarbeit der Blutkörperchen ist, und da die Transfusion bei Verblutenden nur im letzten Augenblick des Lebens vorgenommen wird, also bei einer kolossalen Blutleere; wenn man daher bei noch bestehenden Blutungen ein fibrinarmes — also ein mehr oder minder abgestorbenes — Blut transfundiren würde, so kann a) die 'Reaction nicht nur im Gesammt-Organismus, sondern auch am blutenden Gefässe durch solch ein Blut in so gesteigertem Masse nicht stattfinden, wie bei der Transfusion mit dem lebenden ganzen Blute,

b) kann nicht die Mehrzahl der Blutkörperchen des defibrinirten Blutes Fibrin zur Trombenbildung am blutenden Gefässe abgeben; es wird daher solches Blut bei noch bestehenden Blutungen die Blutung nicht stopfen, sondern erst recht im Gange halten und somit die Lebensgefahr vergrössern,

und c) kann wegen der kolossalen Blutleere das wenige noch im Körper vorhandene ganze Blut die Arbeit der Trombenbildung nur mangelhaft übernehmen.

Auch bei den Transfusionen, die nach geschehener Trombenbildung unternommen werden, kann das defibrinirte Blut die vielleicht nur zarte Trombenbildung nicht stärker machen wegen Mangel an Blutkörperchen, die noch im Stande sind Fibrin zu bilden; im Gegentheil steigt durch die Injection solchen Blutes der Blutdruck zur Zersprengung der Trombe, ohne in hinreichender Weise die Befähigung in sich zu tragen, durch Abgabe von Fibrin die Trombe bis zu dem Grade zu vergrössern, bis jener physiologisch räthselhafte Zustand des Aufhörens der Trombenbildung eintritt; denn da einige Tromben nur wenige Linien, andere, besonders an starken Gefässen, über 6 Zoll stark sind, so ist weniger der Anfang der Trombenbildung räthselhaft, noch die Vergrösserung, wohl aber was denn eigentlich für physiologische Zustände entstehen müssen, welche nicht erlauben, dass die Trombe sich in infinitum weiter bildet.

In Anbetracht des eben Nachgewiesenen dürfte mein nachfolgender, vom Herrn Doctorandus mit verpöntem Ausdrucke wie: «geradezu naiv» — eine Ausdrucksweise, die in einer Dissertation völlig unpassend ist — gerügter Ausspruch vollkommen richtig sein:

«Da Experimente zeigten, dass weder Sauerstoff im Verein mit Blut-Serum, noch eine Albuminlösung irgend einen Effect

«hervorriefen, weil es eben kein Blut war, und da nun aller
«Wahrscheinlichkeit nach im frischen Blut ein wenn auch ausser-
«halb des lebenden Organismus nur Minuten währendes vegeta-
«tives Leben vorhanden sein muss, so ist anzunehmen, dass das
«Peitschen des Blutes, — das Defibriniren, — dieses «vegetative
«Leben» rasch mehr oder minder tödten muss, und zweitens,
«dass durch diese Defibrinations-Procedur das Blut längere Zeit
«den Wirkungen der athmosphärischen Luft sehr energisch ausge-
«setzt wird, von welcher letzteren wir wissen, dass sie in kürze-
«ster Zeit bei allen organischen Substanzen Fäulniss hervorruft,
«desshalb auch anzunehmen ist, dass dieselbe während der Zeit
«des Defibrinirens ihren deletären Einfluss auf das Blut ausübt,
«so ist aus allen diesen Gründen das defibrinirte Blut als ein
«mehr oder minder abgestorbenes anzusehen und desshalb zur
«Transfusion als minder geeignet, wie das Blut in toto nicht nur
«nicht zu betrachten, sondern geradezu im Hinblick auf die Ge-
«fahr der serösen und sanguinolenten Transsudaten in Lunge und
«Darmkanal, zu denen es Veranlassung geben kann, für verwerf-
«lich zu erklären.»

Ich wäre jetzt in Betreff der Defibrinations-Frage, wie ich
hoffe, für alle Zeiten nicht nur mit allen möglichen Defibrinations-
Autoritaten, sondern auch mit der Dissertation des Herrn Friedr.
Wilh. Hertzberg aus Pommern fertig. Ich hätte nur letzterem mir
persönlich vollkommen unbekannten Herrn noch zu sagen, dass
seine weiteren Bemerkungen über den vor Jahren von mir veröffentlichten Apparat wohl manches sachlich Richtige enthalten,
dass aber die ganze Art und Weise seines Angriffs mir Wi-
derwillen einflösst, nicht nur, weil ab und zu — ich will höfli-
cher Weise annehmen aus Oberflächlichkeit — eine Fälschung
mit unterläuft, sondern auch weil der Ton bei der Oberflächlichkeit
seiner Dissertation mir zu unhöflich und zu arrogant ist und hinter
einer Arroganz steckt ja meistens gesellschaftliche Unbildung oder
Unwissenheit, häufig auch beides zusammen; — es giebt nur eine
Entschuldigung, und die ist die Jugendlichkeit des Herrn Doctorandus — diese will ich, human denkend, acceptiren, obgleich es
mir leid thut, dass Herr Doctorandus sich in seiner Dissertation
des grössten Schmuckes der gelehrten und gut erzogenen Jugend
entäussert hat, nämlich der Bescheidenheit.

Ich hätte nur noch meinen Ausdruck «Fälschung» zu documentiren und das geschieht hiermit.

Wenn Herr Doctorandus sagt:
»Und gesetzt, Herr Gesellius hätte wirklich weniger Unrecht, «als *ich geneigt* bin anzunehmen, müsste dann nicht jede Trans-»fusion mit jenem «**schon** abgestorbenem Blut» absolut deletär wirken?» —,so ist das eine Fälschung meiner Worte! Ich habe in beregter Schrift nicht ein einziges Mal das defibrinirte Blut ein «**schon** abgestorbenes Blut» genannt, sondern stets und ständig dasselbe das Epitheton ornans eines «*mehr oder minder* abgestorbenen» gegeben, was es ja in der That auch ist. Wesshalb solche Fälschung? Wenn nicht aus Oberflächlichkeit, so sollte man vermuthen desshalb, damit Herr Doctorandus im Auditorium zu Greifswald öffentlich das traurige Vergnügen haben konnte, mit solcher Wortverdreherei seine Weisheit und geistige Ueberlegenheit von den jüngeren Commilitonen bewundern lassen zu können und desshalb seine folgende so überlegene Redewendung:
«wird nicht durch eine einzige gelungene Transfusion mit defibri-«nirtem Blute das ganze kunstvolle Oppositions-Gebäude des Herrn «Gesellius über den Haufen geworfen?»

Schwach! Herr Doctorandus! Sehr Schwach!

Doch genug in dieser ernsten Schrift vom gelehrten Herrn Doctorandus mit sammt seiner von *Hüter* erwähnten noch gelehrteren Dissertation.

Ich wäre jetzt am Ende meiner Arbeit. Ich will nur schliesslich aus der so reichen Transfusions-Litteratur einige Notizen, die noch Anspruch auf Beachtung haben, reproduciren.

So bemerkt in einem längeren Aufsatz *Hasse*[1]) in Nordhausen:
«Als jetzt der Martin'sche Troicar in die Vene eingestossen «und reichlich einen halben Zoll in dieselbe hineingeschoben wurde, »machte die Spitze des Stiletts eine feine Ausstichöffnung in die »obere Venenwand, durch welche beim Einspritzen des Blutes «ein feiner Blutstrahl hervordrang.»

Jedenfalls ist diese Erfahrung *Hasse*'s eine hübsche Illustration für alle Transfusionsapparate mit Troicart's.

Weiter bemerkt *Hasse*:

---

[1]) *Hasse* in Nordhausen: Einige Fälle von Transfusion. Berliner klinische Wochenschrift. 1869. pag 371.

«Will man zunächst die Canüle in die Vene einbringen, so
«empfiehlt es sich, *die Canüle vor der Anwendung in eine gehörig*
»*erwärmte schwache Sodalösung zu legen, um Gerinnselbildung von*
«*Seite des aus der angeschnittenen Vene zurückstauenden Blutes zu*
«*verhüten.*»

Hasse, der theilweise mit Erfolg die Transfusion bei zwei hochgradig Anaemischen ausgeführt, sagt:

«Es scheint demnach schon eine kleine Transfusion von 2 — 4
«Unzen zu genügen, um den gänzlich erschöpften Körper, wel-
«cher auch den Process der Verdauung nicht mehr in genügen-
«der Weise verrichten kann, eine wesentliche Aushülfe zu gewäh-
«ren. Und wenn auch eine sehr augenscheinlich anregende Wirkung
«auf das Nervensystem durch die Transfusion bewirkt wird, so scheint
«mir das zugeführte Blut im Körperhaushalt demnächst grossen-
«theils zu ausreichender Absonderung von Verdauungsgeschäften
«verwendet zu werden, wodurch Esslust entsteht und die Ernäh-
«rung wieder in normaler Weise eingeleitet wird. In weiterer
«Ausführung dieser Hypothese sei mir noch zu erwähnen gestattet,
«*dass mir auch die Verdauungsbeschwerden Chlorotischer u. Anae-*
«*mischer hauptsächlich dadurch veranlasst erscheinen, dass das ärm-*
«*liche Blut die Verdauungssäfte nicht in genügender Weise absondern*
«*kann.*»

Mit dieser Ansicht Hasse's stimme ich vollkommen überein.

In demselben Aufsatz schlägt *Hasse* eine der Hautvenen der Dorsalseite des Vorderarmes vor, weil sie in grosser Ausdehnung oberflächlich liegen und keine grösseren Arterien und Nerven in ihrer Nachbarschaft haben.

In der Transfusions-Monographie vom Professor *Cypr. Orè*[1]) zu *Bordeaux* bemerkt *Orè*, dass die Defibrination vollkommen unnöthig sei, namentlich bei Ausführung der Transfusion an Menschen, da das Blut erst 4 — 5 Minuten, nachdem es aus den Gefässen geflossen, zu gerinnen beginnt.

Betz[2]) welcher durch die Transfusion mit defibrinirtem Blute eine durch Magenblutungen herabgekommene 42 jährige Frau

---

[1]) *Professor Cypr. Orè*, *Bordeaux* Etude historique et physiologiques sur la Transfusion du sang. Paris 1868.

[2]) *Betz*. Geschichte eines Falles von Transfusion nebst Bemerkungen über die letztere. Memorabilien. Nr. 2. pag. 35. 1871.

rettete, transfundirte in die Vena cephalica; die Spitze des Stempels anscheinend vollkommen luftleer gemacht, dennoch aber eilten bei der Einspritzung einige Luftblasen dem Blutstrome voran, was einen sofortigen Collapsus und Bewusstlosigkeit der Patientin zur Folge hatte.

Bourgeois[1]) behauptet — und das klingt recht plausibel —, dass viele Fälle von Metrorrhagien in Folge von Uterinblutungen deshalb wirklich tödtlich enden, weil man die Transfusion unterlasse, indem man den stets vorhandenen ursprünglichen Scheintod für den wirklichen Tod halte. Jedenfalls eine beachtenswerthe Warnung.

Brown-Sequard[2]) weist nach, dass *agonisirende* Individuen durch die Transfusion vorübergehend ins Leben zurückgerufen werden können. Er hat bei Thieren dieses Resultat durch theilweise Zuführung normalen Blutes, durch künstliche Athmung und durch Entlastung des rechten Herzens mittelst Eröffnung der Vena jugularis erzielt. Hiernach wäre beim Menschen die Wiedergabe der Besinnung in einzelnen Fällen möglich und wenn auch selbstverständlich nur von kurzer Dauer, so doch häufiger von grösster Wichtigkeit.

Professor *von Nussbaum*[3]) in *München* hat bei einem Falle, bei dem er ganz allein war, sein eigenes Blut zur Transfusion angewendet!

Aber wenn nun bei Nussbaum während des Aderlasses *Syncope* eingetreten wäre? Dann wäre doch, der ebenso heroische als edle Operateur, da er allein war, ein Opfer seiner Hochherzigkeit geworden!

Richardson[4]) schlägt, um die Gerinnung zu verhüten, den Zusatz von 20 Tropfen Liqu. Ammon. und 30 Gramm Wasser, oder eine Lösung von 6 Gramm Natr. carbon. und 9 Gramm Natr. phosphor. in 60 Gramm Wasser auf 5 Gramm Blut vor. (Solches Mixtum compositum möchte ich nicht, wo Gefahr im Verzuge ist, injiciren. Verf.) *Sogar getrocknetes und dann gepulvertes Blut soll mit Wasser gemischt, im Falle der Noth, zur Transfusion anwendbar sein.* (? Verf.)

---

[1]) *Bourgeois*. Arch. de méd. 1828.
[2]) *Brown-Séquard*. Journ. de Physiol. 1858. pag. 669.
[3]) *Bayer*. aerztl. Intelligenzbl. IX. 9. 1862. Nr. 381.
[4]) *Richardson* Med. Soc. of London. (Sitzung vom 30. Januar 1871) in der Med. Times and Gaz. March 4. pag. 264.

Diese letzte Flüssigkeit würde doch völlig ohne Gasgehalt sein? Obgleich ich die grösste Hochachtung vor Richardson habe, kommt mir denn doch dieser Vorschlag stark sanguinisch vor. In den *Recherches physiologiques et pathologiques sur la transfusion du sang* zeigt die *Union médicale*[1]), dass die Transfusion schon im 15. Jahrhundert, im Jahre 1492, angewendet worden sein soll. Nach *Sismondi*, *Villari* und anderen französischen Historikern (?) fiel der Papst *Innocenz VIII* in grosse Schwäche und in eine tiefe Somnolenz, aus welcher er nicht erweckt werden konnte, und Jedermann glaubte an seinen Tod; ein israelitischer Arzt schlug vor, das Blut eines Knaben mittelst eines neuen Apparates, der schon bei Thieren erprobt worden war, zu transfundiren. Es wurde nun Blut von 3 Knaben in die Vene des Papstes übergeführt und das Blut des Papstes in die Venen der Knaben zurückgeleitet; aber die drei Knaben starben und der Papst konnte nicht gerettet werden; er starb am 25. April 1492.

Leider ist die ganze Transfusions-Geschichte von A bis Z erfunden und zwar von *Sismondi*[2]), der pag. 367 folgendes zusammen fabelt:

«Dans sa dernière maladie, le pape Innocent VIII se laissa
«persuader par un médecin juif de tenter le remède de la trans-
«fusion du sang, souvent proposé par des charlatans, mais qu'on
«n'avait jusqu'alors jamais éprouvé que sur des animaux. Trois
«jeunes garçons, âgés de 10 ans, furent successivement, moyen-
«nant une récompense donnée à leurs parents, soumis à l'ap-
«pareil qui devait faire passer le sang de leurs veines dans celles
«du vieillard et le remplacer par le sien. — Tout trois moururent
«dès le commencement de l'opération, probablement par l'intro-
«duction de quelques bulles d'air dans leurs veines, et le médecin
«juif prit la fuite plutôt que de s'essayer sur des nouvelles victimes.
«Aucun effet ne fut obtenu, le pape mourut le 25. Avril 1492».

Bedenklich anders erzählt sein Gewährsmann *Raynaldus* in seinen« *Annales ecclesiastici ab anno quo desint etc. usque ad annum* 1534 die Affaire, indem derselbe aus dem Jahre 1492 berichtet, dass

---

[1]) Union médicale. 125. 1863.
[2]) *Simonde de Sismondi*, Histoire des Républiques italiennes du moyen âge. Paris 1815, Tome XI. (von Belina)

Innocenz VIII innerlich chemisch praeparirtes Blut getrunken habe. Die Stelle lautet pag. 412 wörtlich:

«Laboraverat diutino morbo, a biennio enim, quo torpore so-
«porifero viginti horis sine vitae singnis jacuerat, adversa valetu-
«dine fuerat usus; acciditque tum, ut cum vis morbi medicam ar-
«tem eluderet, Judaeus impostor, qui valitudinem pollicebatur a
«tribus pueris annorum decem, qui paulo post emortui sunt san-
«guinem exhauserit, ut ex eo pharmacum stillatitium chimica arte
«paratum propinandum Pontifici conficeret: quod cum Innocentius
«rescivisset execratus nefas Judaeum jussit facessere, qui mox
«fuga supplicio se subduxit.»

Mit der Ueberschrift: *Transfusion aus der Carotis eines Lammes in die Vene eines Menschen* bringt das Louisville Courier-Journal[1]) vom 9. Juni 1871 seinen Lesern folgende jedenfalls glaubliche Nachricht:

«Am 7. Juni dieses Jahres wurde an einem Farbigen im Stadt-
«spitale von Wilmington (Nord-Carolina), der seit längerer Zeit
«krank und dem Tode durch Erschöpfung nahe war, die Transfu-
«sion vorgenommen. Als der Mann auf den Operationstisch ge-
«legt wurde, konnte er kaum sprechen und schien höchstens noch
«einige Stunden leben zu können. Als die Vene eröffnet wurde,
«kam eben noch ein Tropfen Blut; die Carotis eines Lammes
«wurde rasch geöffnet und durch die Herzaction des Thieres ver-
«mittelst einer Glasröhre in die Vena cephalica des Mannes getrie-
«ben. Circa acht Unzen Blut gelangten in das Gefässsystem des
«Kranken, und der Erfolg war höchst befriedigend; der Mann ist
«jetzt auf dem Wege der Genesung.»

Es wäre also mit dieser Transfusion die Zahl der Thierblut-Transfusionen auf 20 Fälle gestiegen, welche ich der besseren Ueber-sicht wegen, in nachfolgender Tabelle kurz und praegnant zusammenstelle.

---

[1]) *Raynaldus*. Annales ecclesiastici ab anno quo desint etc. usque ad annum 1534; in folio Col. Agrip. 1692 — 1733 pars XIX.

TABELLE
der Thierblut-Transfusionen beim Menschen:

Blut-Menge, d. vor d. Transfusion d. Menschen entzogen wurde:	Eingeflösste Blut-Menge:	Art des Thierblutes:	Art der Transfusion:	Operateure:	Erfolg:
Keine Depletion.	5 Unzen.	Ganzes Venenblut eines Bockes.	Spritze.	1839 Bliedung.	Genesung.
? ?	6 Unzen.	Kalbs-Arterienblut.	Directe Ueberleitung.	1667 Denis u. Emmerez.	Starb; jedoch nicht von der Transfusion.
Depletion von wenigen Tropfen.	8 Unzen.	Aus der Carotis e. Lammes.	Directe Ueberleitung	1871 im Stadthospiale zu Wilmington in Nord-Carolina (Amerika).	Genesung.
Depletion von 3 Unzen	9 Unzen.	Lammblut aus der Carotis.	Directe Ueberleitung.	1667 Denis u. Emmerez.	Genesung.
Depletion von 7 Unzen.	11 Unzen.	Lammblut aus der Carotis.	Directe Ueberleitung.	1667 Lower u. King.	Blieb völlig gesund.
? ?	12 Unzen.	Lamm-Arterienblut.	Directe Ueberleitung.	1668 Denis.	Genesung.
Depletion von 8 Unzen.	14 Unzen.	Lamm-Arterienblut.	Directe Ueberleitung.	1667 King.	Blieb völlig gesund.
Keine Depletion.	14 Unzen.	*Defibrinirtes* Kalbsblut.	Spritze.	1860 Esmarch.	Tod.
Depletion von 13 Unzen.	18 Unzen.	Kalbsblut aus der Schenkelarterie.	Directe Ueberleitung.	1667 Denis u. Emmerez.	Genesung.
Depletion von 10 Unzen.	20 Unzen.	Lammblut aus der Schenkelarterie.	Directe Ueberleitung.	1667 Denis u. Emmerez.	Blieb völlig gesund.
Depletion von »reichlicher Portion Blut.«	Gleich grosse Masse Blut transfdrt..	Lammblut aus der Carotis.	Directe Ueberleitung.	1668 Kaufmann u. Purmann.	Genesung.

TABELLE
der Thierblut-Transfusionen beim Menschen:

Blut-Menge, d. vor d. Transfusion d. Menschen entzogen wurde:	Eingeflösste Blut-Mengc:	Art des Thierblutes:	Art der Transfusion:	Operateure:	Erfolg:
Depletion von ? ?	?	Lammblut aus der Carotis.	Directe Ueberleitung.	1668 Kaufmann u. Purmann.	Starb nicht. Litt «nach Jahr und Tag an einer Schaaf-Melancholie».
Depletion von ? ?	? ?	Lammblut aus der Carotis.	Directe Ueberleitung.		Starb nicht. litt «nach Jahr n. Tag an einer Schaaf-Melancholie»
? ?	? ?	Hammel-Arterienblut.	Directe Ueberleitung.	1667 Riva.	Scheint günstig verlaufen zu sein.
Keine Depletion.	Wenige Tropfen.	Hammel-Arterienblut.	Directe Ueberleitung.	1667 Riva.	Ohne Erfolg, starb, jedoch nicht von der Transfusion.
? ?	? ?	Hammel-Arterienblut.	Directe Ueberleitung.	1667 Riva.	Scheint günstig verlaufen zu sein.
? ?	Soviel Blut als man gewollt.	Widderblut aus der Carotis.	Directe Ueberleitung.	1668 Paulus Manfredus.	Starb nicht
? ?	? ?	? ?	Directe Ueberleitung.	166? Riva	Scheint günstig verlaufen zu sein.
Depletion bis zur völligen Blutlcere.	Das gesammte Blut zweier Lämmer.	Lamm-Arterienblut.	Directe Ueberleitung.	1792 Russel.	Genesung.
Keine Depletion.	? ?	Blutserum. e. Kalbes	Spritze.	1847 Sokolow in Moskau.	Genesung

In Nachfolgendem habe ich sämmtliche bis dahin verzeichnete Transfusionen kurz angeführt. Dieselben wurden gesammelt von *Routh*[1]; *Soden*[2], *Martin*[3]; *Blasius*[4]; *Goulard*[5]; *Landois*[6]; von *Belina-Swiontkowski*[7]; *Marmonier*[8]; *A. Evers*[9]; *Massmann*[10]; *Sakklén*[11]; und *Asché*[12]:

---

[1] *Routh*, statistische u. allgemeine Bemerkungen über Transfusion des Blutes, in Medical Times for August 1, 1849.

[2] *Soden's* Tabelle in den London medico-chirurgical Transactions. Vol. 35. pag. 413. 1852.

[3] Bei Martin. l. c. 1859.

[4] *Blasius*. Statistik der Transfusion des Blutes, im Monatsblatt für medic. Statistik. Beilage zur deutschen Klinik. 1863 Nr. 11.

[5] *Goulard* — De la transfusion du sang. Thèse de Paris. 1868.

[6] *Landois* L. in *Greifswald*. Die Transfusion in ihrer geschichtlichen Entwickelung und gegenwärtigen Bedeutung. Wiener medic. Wochenschrift Nr. 30, 31, 33 35, 37, 42, 43, 47, 48, 49, 50, u. 59, Beilage; 1867 sowie:
Landois L. Zur Statistik u. Experimentalerforschung der Transfusion, Wiener medic. Wochenschrift Nr. 1o5. 1868.

[7] Bei von Belina Swiontkowsky l. c. 1869.

[8] *Charles Marmonier.*— De la transfusion du sang. Paris bei Masson et fils. 1869.

[9] *A. Evers.* Zur Casuistik der Transfusion. Rostocker Dissertation. Berlin 1870.

[10] *Massmann*. Beiträge zur Casuistik der Transfusion des Blutes. Diss. Berlin. 1870.

[11] *K. W. Sacklén.* — Diss. Om transfusion. Helsingfors 1870.

[12] *Asché* zu *Düben.* — Die neuern Mittheilungen über Transfusion des Blutes. In Schmidt's Jahrbücher. Jahrgang 1871.

TABELLE

der **nicht tödtlich** verlaufenen Transfusionen mit
ganzem Menschenblute:

Injicirte Blut-Menge auf die einzelne Operation:	Operateure:	Zahl der Fälle	Blutmasse, zusammen
Unzen:			Unzen
1	1849 Norman u. Ormond; 1852 Luigi Prejalmini; 1863 Braun in Wien.	3	3
2	1828 Klett u. Schraegle; 1830 Kilian; 1831 Kilian; 1838 Berg; 1844 Bery; 1863 Greenhaly; 1863 Thorne; 1865 Thomas.	8	16
3	1828 Klett; 1831 Kilian; 1851 Mormonnier senior;*1869 Buchser; 1870 Antonio Cavaleri u. Barbieri.	5	15
3½	1820 Blundell; 1868 Braman.	2	7
4	1825 Blundell u. Waller; 1826 Ralph; 1826 Jewell; 1827 Douglas-Fox; 1829 Savy; 1829 Goudin; 1829 Bird; 1829 Philpott; 1830 Ingleby; 1835 Healy u. Fraser; 1842 Blasius; 1845 Brown; 1857 Martin 1860 Michaux; 1866 Gentilhomme; 1868 Rautenberg	16	64
5	1827 Barton-Brown; 1834 Kilian; 1835 Turner; 1840 Lane.	4	20
6	1851 Devay u. Desgranges; 1851 Sacristan.	2	12
6½	1866 Ma tin u. Badl; 1870 Beatty.	2	13
7	1856 Higginson.	1	7
7½	1833 Schneemann.	1	7½
8	1826 Doubleday; 1827 Waller; 1829 Blundell u. Lambert; 1851 Marmonnier senior.	4	32
9	1826 Waller u. Doubleday; 1851 Masfen; 1861 Martin.	3	27
10	1860 Higginson; 1870 Martin; 1870 von Belina.	3	30
11	1833 Bickersteth.	1	11
12	1825 Brigham; 1825 Blundell u. Uvins; 1833 Walton.	3	36
13	1833 Baner.	1	13
14	1825 Blundell u. Doubleday.	1	14
15	1828 Howel, Ravis u. Doubleday; 1828 Clement; 1863 von Nussbaum.	3	45
16	1828 Pritchard u. Clarke.	1	16
17	1857 Wheatkroft.	1	17
22	1840 Richard Oliver; 1848 Greaves u. Waller.	2	44
24	1857 Wheatkroft.	1	42
		68.	473½

Also durchschnittlich für jede **glückliche** Transfusion 6,96 Unzen **ganzen** Blutes.

Ausser vorstehenden **nicht** tödtlich verlaufenen Fällen giebt es noch folgende mit ganzem Menschenblute, bei denen jedoch die Blutmenge nicht angegeben:
1830 Soden's Tabelle Nr. 13; 1833 Höring; 1842 Wolf in St. Petersburg; 1842 Abele; 1852 Schneemann; 1852 Derselbe; 1856 Simson; 1857 Higginson; 1858 Dutenis.
Ausserdem muss man zu den «**nicht tödlich** verlaufenen Transfusionen» die beiden 1830 von Dieffenbach resultatlos gegen «Melancholie u. Erotomanie» ausgeführten Transfusionen rechnen; dann würde die Zahl der «**Nicht** tödtlich verlaufenen Transfusionen mit **ganzem** Blute» die stattliche Höhe von **79** Fällen erreichen.

TABELLE

der **tödtlich** verlaufenen Transfusionen mit **ganzem** Menschenblute:

Injicirte Blut-Menge auf die einzelne Operation:	Operateure:	Zahl der Fälle:	Blutmasse zusammen:
Unzen			Unzen:
2	1830 Dieffenbach; 1832 Blasius; 1842 Neumann; 1842 Ritgen; 1869 Braxton Hix; 1869 Derselbe; 1869 Derselbe; 1869 Derselbe; 1869 Derselbe; 1869 Derselbe	10	20
3	1831 Dieffenbach; 1852 Turner u. Wells	2	6
4	1820 Blundell; 1826 Jewell; 1861 Blasius; 186? Mayer; 1867 Rautenberg u. von Grünewaldt; 1869 Braxton Hix; 1869 Braxton Hix	7	28
4½	18 77 Bongard	1	4½
5	1831 Dieffenbach; 1831 Dieffenbach; 1856 Higginson; Heine u. Knauff; 1869 Lorain	5	25
6	1825 Blundell; 1848 Uyterhoeven u. Bouyard; 1853 Touvenet; 1857 Lever u Bryant; 1862 Braxton Hix; 1862 Braxton Hix	6	36
7	1856 Higginson	1	7
8	1869 Braxton Hix; 1869 Braxton Hix	2	16
9	1832 Josenhanns; 1834 (Bei Routh Nr. 20); 1835 Stokes	3	27
9½	1850 Nélaton	1	9½
10	1830 Roux; 1831 Die Internen im l'Hotel Dieu in Paris; 1832 Crosse; 1839 Collins	4	40
12	1856 Higginson	1	12
13	1819 Blundell u. Cline	1	13
14	1834 Twedie u. Ashwell	1	14
16	1820 Blundell; 1829 Danyau; 1851 Simon in London; 1869 Lister	4	64
24	1830 Dieffenbach	1	24
24½	1840 May	1	24½
30	1831 Walton u. Routh	1	30
		52	400½

Also durchschnittlich für jede letal geendigte Transfusion 7,70 Unzen **ganzen** Blutes

Ausser den eben aufgezählten **tödtlich** verlaufenen Transfusionen mit **ganzem** Menschenblute, sind noch folgende Fälle, bei denen aber die transfundirte Blutmasse nicht angegeben, verzeichnet:

1819 Blundell; 1825 Doubleday; 1833 Scott; 1842 Wolf in St. Petersburg. 142 Derselbe; 1842 Derselbe; 1842 Derselbe; 1842 Derselbe; 1842 Neuman; 1842 Ritgen; 1843 Bayer; 1852 Schneemann 1852 Derselbe; 1854 Maisonneuve; 1856 Higginson; 1862 Weickert.

Mit Hinzufügung dieser Transfusionen steigt die Zahl der **tödtlich** verlaufenen Fälle mit **ganzem** Blute auf **67**.

Es würde also die Gesammtzahl der bis dahin mit **ganzem** Menschenblute bewirkten Tranfusionen **146** sein.

TABELLE

Der nicht tödtlich verlaufenen Transfusionen mit defibrinirtem Menschenblute

Injicirte Blut-Menge auf die einzelne Operation:	Operateure:	Zahl der Fälle :	Blutmasse, zusammen:
Unzen;			Unzen:
1½	1851 Polli; 1851 Polli; 1870 Carl Michel; 1870 Sacklén.	4	6
2	1868 Betz	1	2
2½	1868 Zaunschirn.	1	2½
3	1860 Braune u. Schatz; 1869 Albanese; 1870 König's Poliklinik; 1871 Buchser	4	12
3½	1868 Albanese; 1869 Albanese; 1870 Leisring	3	10½
4	1866 Mosler; 1870 Albanese.	2	8
4½	1871 Leisring; 1871 Leisring.	2	9
5	1869 Hasse.	1	5
6	1852 Polli; 1868 Havemann	2	12
7	1851 Polli; 1868 Lange u. von Belina; 1870 Lehman in Thorn	3	21
8	1868 Mader; 1869 Hüter.	2	16
9	1869 Albanese	1	9
10	1866 Hüter; 1871 von Belina.	2	20
12	1860 von Nussbaum; 1861 von Nussbaum; 1864 von Nussbaum.	4	48
12½	1870 Hüter.	1	12½
19	1870 Jürgensen u. Völkers	1	19
22	1870 Jürgensen u. Völkers	1	22
24	1871 Wilke u. Olshausen.	1	24
	1864 von Nussbaum		
		36	355½

Also durchschnittlich für jede einzelne **glückliche** Transfusion 7,18 Unzen defibrinirten Blutes:

Wie vorstehende Tabelle der «nicht tödtlich verlaufenen Transfusionen mit **defibrinirtem Blute**» zeigt, beträgt doch schon die Anzahl der Fälle **36**.

Es wäre aber gerade bei diesen günstigen Fällen mit defibrinirtem Blute die ernste Frage aufzuwerfen, ob nicht bei einer ganzen Anzahl die Genesung nicht auch ohne resp. trotz solcher naturwidriger Infusion eingetreten wäre.
Würde man die einzelnen Fälle näher analysiren und kritisiren, wie es bei einem Falle (der Fall von Lange[1]) u. von Belina) meisterhaft Schatz im Archiv für Gynaekologie 1870. pag. 184 unternommen hat, so würde man, glaube ich, zu einem Resultate gelangen, welches den Defibrinations-Anhängern nicht angenehm sein dürfte.
Die interessante Kritik von Schatz lautet, wie folgt:
«Der Fall von Lange schon im Jubiläumband der Prager Vierteljahrsschrift 1868 pag.

---

[1]) *Lange*, W. (Heidelberg) Ein Fall von puerperaler Eklampsie mit nachfolgender Transfusion Prager Vierteljahrsschrift. IV. 1868. pag. 168.

«168 f. f. veröffentlicht, macht auf den Unbefangenen durchaus nicht den Eindruck
«einer wirklich indicirten und erfolgreichen Transfusion: denn 1) Eklampsie ist stets
«mit sehr hohem arteriellen Blutdruck verbunden. 2) Das physiologische Experiment
«lehrt, dass der Harn weniger und eiweisshaltiger wird, wenn der Blutdruck eine be-
«stimmte Höhe übersteigt. 3) die Erhöhung des Blutdruckes durch das Zurückstauen
«resp. Vorwärtstreiben des Blutes aus den Gefässen des Uterus bei dessen Contraction
«begünstigt den Eintritt der eklamptischen Krämpfe. 4) Je höher der Blutdruck in der
«Niere steigt, desto geringer die Secretion, desto grösser der Eiweissgehalt des Urins.
«5) Genügende Herabsetzung des Blutes durch Venæsection bewirkt häufig Verringerung
«oder Heilung der eklamptischen Krämpfe und Verringerung des Eiweisses des Urins bei
«vermehrter Secretion. Blutdruck, Albuminurie und Eklampsie gehen also parallel. Er-
«sterer ist, wenn auch nicht absolut, doch gegenüber den beiden andern primär. Dass
«die Eklampsie häufig, wenn nicht immer später auftritt als Albuminurie kommt daher,
«dass, wie das Experiment lehrt, die Niere ein viel feineres Reagens ist gegen den
«Blutdruck als das Nervensystem. Kommt also die Eklampsie vom erhöhten Blutdruck,
«so ist die Venaesection die einzige rationelle Behandlung derselben. — Glaubt man
«trotz jener Gründe, dass sie direct von Uraemie herkommt, so ist die erste Indication,
«das Blut von den schädlichen Stoffen zu befreien. Dies geschieht bei Weitem voll-
«kommen dadurch, dass man den Nieren ihre Funktion wiedergiebt, indem man den
«Blutdruck vermindert, als dadurch, dass man das Blut direct durch Transfusion ver-
«bessert. Denn in letzterem Falle bleibt die Ursache der Blutvergiftung bestehen
«und die Hülfe ist nur temporär. — Mag man also die Eklampsie direct vom erhöhten Blut-
«druck oder von der Nierenkrankheit und erst in zweiter Linie vom Blutdruck ableiten,
«die Therapie bleibt immer die ergiebige Venaesection, und die Transfusion ist erst dann
«zu versuchen, wenn die genügende Herabsetzung des Blutdruckes ohne Erfolg und das
«Blut schon so vergiftet ist, dass nachweislich die Restitution der Nierenfunction die
«Reinigung des Blutes nicht schnell genug bewirken kann. — In diesem Falle wurde
«Blut entzogen: 12 Hirud. — 6 U. + 14 U. Ven. = 20 U. Infundirt wurden 7 U. Re-
«sultirender Verlust = 13 U. — Ob der Frau nicht ebenso geholfen war, wenn ihr mit
«einem Mal und zwar früher 13 U. Blut entzogen wurde! Der nach der Operation ein-
«getretene kleine und frequente Puls, die weichende Cyanose sprechen nur für die
«Venaesection, nicht für die Transfusion. Die Anaemie der Entbundenen, die zu einer
«Venaesection «nichts weniger als einladend war», kann nicht so gross gewesen sein,
«da die Wöchnerin, obwohl sie doch noch 13 U. verloren hatte, nach 26 Tagen» wirk-
«lich blühend aussah.» Ausserdem würde es uns nicht so unerwünscht gewesen sein
«wenn sich gleich nach der Geburt der Uterus nicht «in ganz erwünschter Weise» con-
«trahirt, sondern ein Blutverlust stattgefunden hätte».

TABELLE

der **tödtlich** verlaufenen Transfusionen mit **defibrinirtem** Menschenblute:

Injicirte Blut-Menge auf die Operation: Unzen:	Operateure:	Zahl der Fälle:	Blutmasse, zusammen: Unzen:
1/4	1868 von Belina . . .	1	1/4
1/3	1869 Hennig u. Braune	1	1/3
1	1867 Benneke, (Tod nach 9 Stunden)	1	1
1 1/2	1860 Neudörfer; 1865 Mosler; 1865 Mosler; (Bei jedem Fall injicirte Mosler eine Sauerwald'sche Spritze voll, dieselbe fasst ungefähr 1 1/2 Unzen.) 1871 Saklén.	4	5
2	1861 Neudörfer; 1868 Mader; 1871 Robert Buhrt	2	6
2 1/2	1869 Albanese	1	2 1/2
3	1870 Gusserow 187?. von Belina	2	6
3 1/2	1860 Neudörfer; 1860 Neudörfer; 1860 Neudörfer; 1860 Neudörfer; 1860 Neudörfer; 1866 Simon; 186?; Bernhard Beck	7	24 1/2
4	1851 Chassaignac u. Monneret; 1864 Sommerbrodt; 1866 Bernhard Beck; 1867 R. Denme; 1867 Neudörfer; 1867 Knauf; 1868 Uterhart; 1869 Uterhart; 1869 Busch	9	36
4 1/2	1866 Preuss. Lazaroth zu Tauberbischofsheim.	1	4 1/2
5	1869 Lorain; 1869 Concato, Volla u. Loreta; 1871 Simon . . .	3	15
6	1857 Larson; 1864 Möller u. Wagner; 1866 Mosler; 1868 Ssutugin in St. Petersburg; 1868 von Belina; 1870 Sichting u. Stöhr; 1870 Gusserow.	7	42
6 1/2	1867 Schiltz	1	6 1/2
7	1858 Albanese; 1868 Albanese	2	14
7 1/2	1871 Leisrink	1	7 1/2
8	1864 In Traube's Charité-Abth. 1869 Hüter; 1871 Kernig in St. Petersburg.	3	24
9	1871 Jürgensen u. Völkers.	1	9
9 1/2	1871 Kernig in St. Petersburg	1	9 1/2
10	1853 Fenger; 1862 von Nussbaum; 1864 Simon; 1867 Uterhart (Patient starb, obgleich von der Kohlenoxydgas-Vergiftung durch die Transfusion geheilt, einige Tage später an Pyaemie, weil derselbe eine Periphlebitis sich durch die Operation zugezogen); 1869 Hasse; 1870 Saklén; 1871 Hüter. . .	7	70
11	1869 Stöhr	1	11
12	1869 Hüter; 1869 König; 1871 Loewenthal	3	36
13	1870 Stöhr	1	13
14 1/2	1869 Hüter u. Mosler	1	14 1/2
17 1/2	1871 Jürgensen u. Völkers.	1	17 1/2
20	1869 Hüter.	1	20
28	1867 Fischer	1	28
36	1869 Hüter.	1	36
		66	460

Also durchschnittlich für jede **letal** geendigte Transfusion 6,98 Unzen **defibrinirten** Blutes.

Ausser diesen 66 tödtlich verlaufenen Transfusionen mit defibrinirtem Blute giebt es noch eine erkleklicbe Anzahl ungünstiger Fälle mit defibrinirtem Blute, theils sind sie notizenhaft in der Litteratur zerstreut, theils nicht veröffentlicht.

So berichtet Bernhard Beck (l. c.) pag. 123:

«In Hochhausen wendete Stabsarzt Dr. Müller auch nach einer heftigen Blutung aus «der Arteria brachialis die Transfusion mittelst des bezeichneten Apparates an und «wurde auch durch dieselbe der schon kalte Patient wieder erwärmt, etwas erfrischt, «von Dauer war aber die Wirkung nicht, da gleichfalls Pyaemie bestand, Gangrän ein- «trat und deshalb der Tod bald nachfolgte.

«In Würzburg wurde in einem Falle, in dem bereits das Leben eigentlich entflohen «war, die Transfusion noch versucht, um alle Mittel wenigstens erschöpft zu haben.»

A. Evers (l. c.) führt in seiner Dissertation an:

«22. Fall, ausgeführt von Professor Hüter betraf einen 10 jährigen Knaben, bei dem «wegen Kehlkopfdiphtheritis die Tracheotomie gemacht wurde. Wegen Fortdauer der «Kohlensäurevergiftung» — (Nur desshalb? Verf.) — «wurde 5 Stunden nach der Ope- «ration die Transfusion gemacht. Vier Stunden nach derselben war Patient todt.»

Lister hat 1869 ebenfalls bei einem Falle die Transfusion mit defibrinirtem Blute versucht. Der Fall endete tödtlich.

M. Donel machte eine vergebliche Transfusion mit defibrinirtem Blute gegen Teta- nus bei einem 14 jährigen Mädchen.

Sacklén (l. c.) berichtet in seiner Dissertation, dass Saltzmann bei einem Falle von Te- tanus und Krohn bei einem Falle von Erysipel die Transfusion mit defibrinirtem Blute versuchten; beide Fälle endeten letal.

Mir persönlich sind hier aus St. Petersburg noch zwei Transfusionen mit defibrinir- tem Blute, beide nach der Hüter'schen arteriellen Methode ausgeführt, die letal endeten und noch ihrer Veröffentlichung harren, bekannt. Die eine Fall, ausgeführt in unserem ersten Kinder-Hospital vom Oberarzt desselben Rauchfuss bei einem diphtheritischen Kinde nach der Tracheotomie, der andere Fall wurde auf der chirurgischen Klinik hie- siger Akademie durch Professor Korschenevsky bewirkt. Wie Rauchfuss die Güte hatte mir mitzutheilen, war er absolut unzufrieden mit der von Hüter so warm empfohlenen und plausibel hingestellten arteriellen Transfusion. Rauchfuss wird den Fall ander- weitig veröfentlichen.

Hüter (l. c.) giebt an, dass er gehört habe, dass von Graefe 1866 in einem Choleralazarethe bei Cholerakranken Transfusionen gemacht, die jedoch starben. So- viel als ich habe in Erfahrung bringen können hat Graefe vier Transfusionen mit defi- brinirtem Blute bewirkt.

Loewenthal (l. c.) berichtet notizenhaft von zwei letal geendigten Transfusionen mit defibrinirtem Blute. Den einen Fall bewirkte, wie Loewenthal sich ausdrückt: «ein berühmter deutscher Operateur», den anderen Fall «ein geschätzter Herr College».

Mit diesen Fällen würde die Gesammt-Summe der letal geendigten Transfusionen mit **defibrinirtem Blute** die bedenklich hohe Zahl **79** erreichen.

Die Gegenüberstellung würde also ergeben:

Ganzes Blut:	Fälle:	Blutmasse.	Durchschn. Blutmasse f. die einzelne Transfusion:	Prozentsatz:	Defibrinirtes Blut:	Fällen:	Blutmasse	Durchschn. Blutmasse f. die einzelne Transfusion:	Procentsatz
I. Nicht tödtlich mit Angabe der Blutmasse.	68	473¹,₂	6,95	56,67	I. Nicht tödtlich mit Angabe der Blutmasse.	36	258¹,₂	7,18	35,29
II. Tödtlich mit Angabe der Blutmasse . .	52	400¹,₂	7,70	43,33	II. Tödtlich mit Angabe der Blutmasse. . .	66	460¹/₂	6,98	64,71
Zusammen	120	874	7,28	—	Zusammen:	102	719¹,₂	7,05	
I a. Nicht tödtlich ohne Angabe der Blutmasse.	11	—	—	—					
II b. Tödtlich ohne Angabe der Blutmasse . .	15	—	—	—	II b. Tödtlich ohne Angabe der Blutmasse. . .	13	—	—	—
Zusammen:	146	—	—	—	Zusammen:	115	—	—	—
Davon Nicht tödtliche Fälle	79	—	—	54,11	Davon Nicht tödtliche Fälle	36	—	—	31,30
Tödtliche Fälle	67	—	—	45,89	Tödtliche Fälle . . .	79	—	—	68,70

Die Zahl der Gesammt-Transfusionen sind demnach 263, davon verliefen **tödtlich** 146, oder 56%, **nicht tödtlich** verliefen nur 115, oder 44%.

Dank dem edlen Defibriniren also praevaliren schon ganz bedenklich die Misserfolge in der Transfusion. Während die früheren Statistiker, selbst noch Landois, mit einer gewissen Genugthuung, ja mit Begeisterung darauf hinweisen konnten, dass die Erfolge die Misserfolge in der Transfusion bedeutend übersteigen ist jetzt das Gegentheil eingetreten. Woher? Weshalb? Weil die Privat-Docenten und jüngeren Professoren fast aller Cultur-Länder mit einer merkwürdigen Uebereinstimmung gerade in den letzteren Jahren ihre Schüler durch Worte und Thaten belehren: «Die Unnatur sei Natur!»

Da möchte man ja, wie vor wenigen Jahren der Pesther Professor der Geburtshülfe, der ehrliche *Semmelweiss*, im Betreff des Kindbettfiebers, in seinem bekannten offenen Briefe in Ansehung der guten Sache invectiv werden, wenn mich nicht *Wunderlich's* goldene Worte beruhigen würden, der da sagt:

Die Naturforschung aber st die stolze und im Stillen fort-

«schreitende Macht, von deren Gewalt die am meisten durch sie
«gefährdeten Gebiete kaum eine Ahnung haben. Es ist ihre Ei-
«genthümlichkeit und ihre Grösse, dass sie ihre Gaben über
«Freunde und Feinde und Verächter ausschüttet, dass sie durch
«Wohlthaten ihre Eroberungen macht und ihre Herrschaft be-
«festigt, und dass sie ohne Lärm die Unvernunft überwältigt und
«auflöst.»

Damit Letzteres im Betreff der naturwidrigen Defibrination
recht bald geschieht, will ich noch anführen, dass vielfach berichtet wird, dass die Transfusion mit **gut** defibrinirtem Blute häufig
von **gar keinem** Effect begleitet war.

Gusserow[1]), der mit defibrinirtem Blute bei einer hochgradig Anaemischen transfundirte, klagt pag. 235:

«Die Transfusion hatte nicht den mindesten Effect; der ein-
«zige bemerkbare Einfluss auf den Organismus bestand in einem
«ziemlich heftigen Schüttelfrost.»

M. Donnel (l. c.) berichtet, wie schon angeführt, über einen
Fall von Tetanus, in welchem die Transfusion mit defibrinirtem
Blute bei einem 14 jährigen Mädchen *«ohne jede merkbare Wir-
kung»* ausgeführt wurde.

Ssutugin[2]) in St. Petersburg führte 1868 an einer Frau wegen
Jnanitio e vomitu gravidarum die Transfusion aus. Er injicirte 6
Unzen defibrinirtes Menschenblut. *Es trat absolut keine Reaction
ein.* Der Tod erfolgte 20 Stunden später unter Convulsionen.

Kernig[3]) in St. Petersburg transfundirte mit defibrinirtem Blute
2 Fälle von Choleratyphoid 1871. Der eine Kranke erhielt 8 Unzen, der andere 9¹/₃ Unzen. *Beide Transfusionen hatten nicht den
leisesten Effect; sie erwachten nicht einmal aus ihrer Somnolenz.*

Ich bin überzeugt, das nach Durchlesung meiner Schrift allseitig mir beigestimmt werden muss, dass die Transfusion mit
Lammblut als eine der wichtigsten und bedeutensten Errungen-
schaften zu begrüssen ist.

---

[1]) *Gusserow*. Ueber hochgradigste Anaemie Schwangerer. Archiv für Gynaecologie 1872, 2. Bande.

[2]) Mündliche Mittheilung des mir befreundeten Operateurs:

[3]) *Kernig in St. Petersburg.* Verhandlung des allgemeinen Vereins St. Petersburger
Aerzte. Sitzung vom 14. Sept. 1871. In der St. Petersburger medicinischen Zeitschrift. Heft I. St. Petersburg 1872.

Auch bin ich der unerschütterlichen Meinung, dass im Laufe eines Jahrzehnt die Thierblut-Transfusion die Menschenblut-Transfusion völlig verdrängt haben wird, und dass nur das Lammblut bewirken wird, dass die Transfusion — diese herrliche Waffe gegen bis dahin vergeblich bekämpfte Krankheiten — wirklich in das Leben der Praxis zu einer allgemein gebräuchlichen Operation für alle Zeiten eintritt.

Die Lammblut-Transfusion wird in der Medicin eine neue Aera die — blutspendende — inauguriren.

DIE ALTE
TRANSFUSIONS-LITTERATUR

mit begleitenden Notizen bis zum Jahre 1803.

Ovid. Metamorph. Lib. VII. 159 ff. u. 333 u. 333. (Medea)
— — »Quid nunc dubitatis inertes?
«Stringite — ait — «gladios vetereinque haurite cruorem,
»Ut repleam vacuas iuvenoli sanguinis venas!» —

Magnus Pegelius. Thesaurus rerum selectarum, magnarum dignarum, utilium, suavium pro generis humani salute oblatus. 1604

> Magnus Pegelius wurde 1547 geboren; derselbe hat hier unzweifelhaft zuerst den Gedanken der Transfusion veröffentlicht. Zur Zeit obigen Werkes war er Professor in Rostock.

Andreae Libavii appendix necessaria syntagmatis arcanorum chymicorum contra Hening. Scheunemanum. Francofurt 1615. Fol.

> Andreas Libavius aus Halle, war Doctor der Medicin, Director und Professor am Gymnasium zu Coburg. Aus diesem Werke des Libavii, der ein Gegner der Idee Blut in den Menschen zu transfundiren ist, geht, wenn man jene Stellen, die Libavius lächerlich zu machen sucht, mit jenen Stellen im obigem Werke vergleicht unzweifelhaft hervor, dass Magnus Pegelius den Gedanken der Transfusion im obigen Werke, wenn auch noch sehr dunkel, zuerst aussprach.

Johann Colle, methodus facile parandi tuta et nova medicamenta. Venet. 1628.

> Joh. Colle, Professor in Padua, erwähnt gelegentlich hier die Transfusion, indem er bei den Nahrungsmitteln und chemischen Arzeneien, die das Leben verlängern können, bemerkt: man könne weit leichter durch die Ueberzapfung des Blutes vermittelst einer Röhre, die dasselbe aus einem vollkommen gesunden Jüngling in einen Greis überleite, das Leben verlängern, als mit Arzeneien. Woher er den Gedanken hat, giebt er nicht an.

Philosophical Transaction. Vol. Nr. 7, 1665; Nr. 19, 20, 22, 1666. Vol. II Nr. 25, 28, 30, 35. 1667. Nr. 54. 1669.

> In diesem Sammelwerk sind die ersten Anfänge der Transfusion in England und Frankreich sehr genau angegeben. [CLARKE, HENSHAW, LOWER, BOYLE, COXE, KING, HOCK und andere Experimentatoren der Transfusion].

Robert Boyle, certain phisiological essays on thusefulness of nature philosophy. Oxon 1667. 4.

> Handelt vielfach von der Transfusion, bringt auch die erste erfolgreiche Transfusions-Geschichte über COGA, jenen Baccalaureus, der sich von LOWER und KING freiwillig transfundiren liess.

Kingi opera 1667. 4.

> Aehnlicher Inhalt.

Jean Denis, extrait d'une lettre à M... sur la transfusion du sang; Paris du 2 Avril 1667.

Claude Tardy, Traite de l'écoulement du sang d'un homme dans les veines d'un autre et de ses utilités. Paris, Avril 1667. 4

J. Denis, Professeur de Philosophie et de Mathematique, lettre escrite à Mr. Montmor, touchant deux experiences de la transfusion faites sur les hommes. Paris 1667.

Auch unter folgendem Titel:

J. Denis, Lettre escrite à Mr. Montmor, Conseiller du roi en ses Conseils et premier Maistre de Requestes par J. Denis Professeur de Philosophie et de Mathémathique, touchant une nouvelle manière de guérir plusieur maladies, par sa transfusion du sang confirmée par deux expériences faites sur des hommes;

Paris le 25 Juin 1667. 4. (18 Seiten.)

G. Lamy, Maistre aux arts en l'université de Paris à Mr. Moreau, Dr. en médéc. Lecteur et Professeur ordinaire du roi, contre le prétenduës utilités de la Transfusion du sang, pour guérir des maladies, avec la réponse aux raisons et expériences de Mr. Denis; Paris le 8 Juillet 1667. 4. 15 Seiten.

C. Gaudroys, lettre eescrite à Mr. l'Abbé Bourdelot, Dr. en Méd. de la faculté de Paris et premier Médecin de la Reine Christine de Suède, pour servir de réponse au Sr. Lamy et confirmer en mesme temps la transfusion du sang par des nouvelles expériences;

Paris le 8 Août 1667. 4. (16 Seiten.)

G. Lamy, Maistre aux arts en l'Université de Paris, lettre escrite à Mr. Moreau, Dr. en médec. etc. dans laquelle il confirme les raisons qu'il avoit apportées dans sa première lettre, contre la transfusion du sang, en repondant aux objections qu'on luy à faites; Paris le 26 Aoust 1667. 4. (16 Seiten.)

J Denis, Lettre escrite à Mr. l'Abbé Bourdelot, Dr. en Médecine de la faculté de Paris, premier Médecin de la reine Christine de Suéde, á present aupres de Mons. le Prince de Chantilly par Gaspard de Gurye, Ecurien Sieur de Montpolly, Lieut. au regiment de Bourgogne; sur la transfusion du sang, contenant des raisons et des expèriences pour et contre; Paris le 16 Sept. 1667. 4.

Claude Tardy, Lettre escrite à Mr. le Breton, Dr. en Mèd. pour confirmer les utilites de la transfusion du sang et repondre á ceux qui les estendent trop; Paris 1667. 4.

Journal des Scavans. Paris 4. 1667. pag. 63.

Louis de Baril, Advocat en Parlament, réflexiens sur les disputes, qui se font à l'occasion de la transfusion. Paris 1667. 4. 7 Seiten.

J. Denis, Lettre escrites à Mr . . . . . . par J. Denis, Dr. en Mèdec. et Prof. de Philos. et de Mathém. touchant une folie invéterée, qui a été guerie depuis peu par la transfusion du sang; Paris le 12 Janvier 1668. 4. 12 Seiten.

G. Lamy, Lettre escrite à Mr. Moreau, Dr. en Médec. dans laquelle et décrite la mort du fou prétendu guérie par la transfusion, avec un récit exact de ce qui s'est passé aux transfusons qu'on lui a faites, et quelques reflexions sur les accidents, qui lui sont arrivès; Paris le 16 Fevrier 1668. 11 Seiten.

J. Denis, Lettre escrite à Mr. Sorbière, Dr en Médec touchant l'origine de la transfusion du sang, et manière de la practiquer sur les hommes avec le récit d'une cure faite depuis peu sur une personne paralitique. Paris le 2. Mars 1668. 4. 12 Seiten.

Piere Martin de la Martinière, opuscules contre les circulateurs et la transfusion du sang. Paris 1668.

Eutyphronis de nova curandorum morborum ratione per transfusionem sanguinis. Paris. 1668.

Monsieur de Sorbiére, discours touchant diverses expériences de la transfusion du sang. Rom. Decembre 1668. 4.

Die Herren Montmor, Professor der Chirurgie Claudius Tardy, Gadroys, Bourdelot, Gaspard de Gurye Sieur de Montpolly, Louis de Baril u. A. waren, wie vorliegende Brochuren besagen, für die Transfusion und für Denis. Lamy gedeckt von der Mehrzahl der neidisehen Doctoren der Pariser Facultät, sowie Piere Martin de la Martiniére waren die heftigsten Gegner, die Lüge auf Lüge, Verläumdung auf Verläumdung gegen Denis schleuderten. Es gelang ihnen schliesslich die Transfusion durch diesen Streit in Miskredit zu bringen, besonders da Denis Eifer schliesslich erlahmte, da er königlicher Leibarzt wurde.

Joh. Dan. Majoris deliciae hibernae sive tria inventa medica. Kilon 1667 fol.

Major, Professor der Medicin in Kiel, nennt sich in vorliegender Schrift selber als den Erfinder der Transfusion und giebt ihr den Namen «Transplatatio nova», im Gegensatz zu der «sympatischen Transplatation» von Krankheiten, woran d a mals viele glaubten.

Seine Methode ist folgende: man nehme einen 2 Finger langen Cylinder aus Silber, der ungefähr 5 — 6 Unzen fasst, wovon ein Ende in eine fein gekrümmte Röhre ausgeht, dessen Mündung aber wie ein Schröpfkopf gestaltet ist. Das feine Ende dieses Cylinders bringt man in die Vene des Kranken, dem man vorher 3 — 4 Unzen Blut abgelassen, und an dessen Arme man unterhalb der Oeffnung eine Binde angelegt hat, um der weiteren Blutung Einhalt zu thun. Dann öffnet man einem gesunden vollblütigen Menschen die Ader, und setzt die schröpfkopfförmige Mündung des Cylinders dicht auf, so dass Blut hineinfliesst, ohne von der äusseren Luft verdorben zu werden. Glaubt nun der Wundarzt, dass der Cylinder voll ist, so setzt er sogleich einen passenden Stempel ein und treibt mit diesem, wie bei einer Spritze, das Blut in die Ader des Kranken. Um das Gerinnen des Blutes noch mehr zu verhüten, könne man, meint Major, vorher einige Gran flüchtiges Hirschhornsalz, oder Salmiakgeist in den Cylinder werfen, und ihn durch angehaltene glühende Kohlen von aussen erwärmen. Vor der Operation müsse man beide Personen gelinde laxiren lassen. Major starb in Schweden 1693, angeblich aus Aergerniss über einen Ring mit falschen Brillanten, den ihm eine seiner Kranken, eine Schwedische Gräfin, geschenkt hatte.

J. Sigismundi Elshoizii, clysmatica nova, sive ratio qua in venam sectam medicamenta immitti possent, ut eodem modo operentur ac si ore admissa fuissent; addita inaudita omnibus sacculis transfusione sanguinis. Colon. Brandenb. 1665. 1667. 1668. cum Francof. cum collegio anatomico Severini et aliorum.

Elsholz war Brandenburgischer Leibarzt, schrieb, über die Infusion von Arzeneimitteln. Von der Transfusion urtheilt Elsholz günstig: man könne durch Thierblut, oder durch das Blut pletorischer Menschen' schwache und blutleere stärken und scharfes Blut verbessern, und wenn man anders an die sympathetischen Curen glauben dürfe, Krankheiten aus einem Menschen in ein Thier verpflanzen und durch eine wechselseitige Transfusion uneinige Eheleute oder Brüder mit einander aussöhnen. Die Ausübung der Transfusion mit einer Spritze sei zwar leichter, aber doch sei die Ueberleitung vermittelst der Röhre vorzuziehen, weil das Blut dabei nicht so sehr verändert werde. Der übrige Theil der zweiten Ausgabe seiner Schrift ist historisch und enthält die Trans- und Infusions-Versuche die in den verschiedenen Ländern vor 1667 angestellt waren, soweit sie zu Elsholz Kenntniss gelangt waren.

N. A. Tinassi, Rilazione del successo di alcune transfusione del sangue fatte negli animali; auch Rilazione d'esperienze fatte in Inghilterra, Francia ed Italia intorno la formosa transfusione del sangue per N. A. Tinassi in Roma 1668. 4.

Tinassi berichtet hier über Dominicus Cassini zu Bologna, der am 28. May 1667, als der erste Italiener die Transfusion aus der Carotis eines Lammes in die Jugularis eines anderen Lammes ausübte, vom letzteren hatte er soviel Blut auslaufen lassen, als da kam. Nach 6 Monaten starb das Lamm. Ausserdem berichtet er über eine sehr merkwürdige Transfusion, welche den 20. May 1668 im Hause des Herrn Griffoni mit Hülfe des Chirurgen Herrn Andreas Carassini angestellt. Man hatte einen für seine Art nicht sehr grossen Spürhund, der 13 Jahre alt und seit 3 Jahren völlig taub war, der nur sehr wenig mehr umherging, und vor Schwäche nicht mehr die Füsse aufheben konnte, sondern sie auf der Erde nach schleppte, genommen. Diesem abgelebten Hunde flösste man das Blut eines Lammes ein. Nach geschehener Operation blieb er, nachdem man ihn losgebunden hatte, eine Stunde auf dem Tisch liegen, dann sprang er herab und suchte seine Herren auf, die in ein anderes Zimmer gegangen waren. Nach 2 Tagen lief er ausser dem Hause gegen seine Gewohnheit mit den übrigen Hunden herum; er schleppte nicht mehr die Füsse nach, und ausser dem, dass er mehr und mehr mit Begierde frass, so fing er auch an, deutliche Zeichen der Wiederherstellung des Gehörs zur geben, indem er sich auf Pfeifen seiner Herren zu ihnen wandte. Am 13. Juni hatte er sein Gehör fast gänzlich wieder erhalten; er war viel munterer als vor der Operation etc. etc.

Auch Ippolito Magnani stellte zu Rom vom October 1667 bis zum Januar 1668 Transfusionen an und kam zu der Ansicht, dass man fremdes Blut in nicht zu grosser Quantität überleiten müsse.

Pauli Manfredi de nova et inaudita chirurgica operatione, sanguinem transfundente ex individuo ad individuum, primum in brutis, dein in homine Romae experta. Roma 1668. 4. 32.

Diese Schrift enthält die drei Transfusionen in Menschen von Riva, sowie seine eigene Transfusion an dem überkranken Tischler.

Barthol. Santinelli, confusio transfusionis, sive confutatio operationis transfundentis sanguinem de individuo ad individuum. Romae 1668. 8. 139.

(Dedicirt an den Prinzen und Cardinal Rospiglioso)

Santinelli ein grosser Gegner der Transfusion machte durch diese Schrift die Transfusion so verdächtig, dass von Obrigkeit wegen aus Gründen der Religion, denn die Transfusion streite gegen Gottes Gebot, der in den Büchern Mosis den innern Genuss des Blutes verbiete, dieselbe am Menschen auszuführen verboten wurde.

Regner de Graaf, De clysteribus et usu siphonis. Lugd. Batav. 1668.

Der Holländer Graaf erwähnt in dieser Schrift nur beiläufig die Transfusion, er und ein gewisser Tob. Andreæ nennen ihren Landsmann Ludwig de Bils als den Erfinder der Transfusion. Er selbst hat auch vielfach die Transfusion ausgeübt. Zu Delft, so erzählt er, habe er in Gegenwart vieler Zuschauer die Transfusion an Thieren mittelst Röhren aus ineinander geschobenen Entenknochen glücklich ausgeübt.

Joh. van Horne Microtechnae seu methodica ad Chir. Introd. Lugd. Batav. 1668.

Derselbe, ebenfalls Holländer, will auch in Gegenwart vieler Zuschauer die Transfusion in Thiere mit Leichtigkeit und glücklich ausgeübt haben. Im Betreff der Operation am Menschen, will er noch mehr Erfahrungen abwarten.

Richard Loweri tractatus de corde. Lond. 1669

Lower erwähnt hier seine bekannten Transfusionsversuche in Oxford.

Irenaei Vehr, Diss. praesidium novum chirurgicum de methaemochymia; Francof. ad Viadr. 1668. 22 Seiten.

Vehr vertheidigt in Frankfurt diese Dissertation. Man dürfe nur bei Solchen transfundiren, die an einer hartnäckigen chronischen Krankheit litten, deren Kräfte noch nicht sehr gesunken, und die durch den Anblick des Blutes nicht in Furcht gesetzt würden. Unter Menschen dürfe man nur aus einer Vene in eine Vene transfundiren, da das arterielle Blut zwar vorzüglicher, aber die Arteriotomie mit zu viel Gefahr verbunden sei. Gegen die Transfusion von Thierblut in einen Menschen eifert er sehr, wobei er eine rührende Geschichte anführt, dass ein Mädchen von getrunkenem Katzenblut eine Katzennatur bekam. Im Nothfall könne man jedoch das Blut eines sanftmüthigen Lammes nehmen.

Henr. Krüger, Diss. praeside I. D. Majore de clysteribus Veterum ac Novis; Kiliac 1670. 4.

Krüger aus Lüneburg zieht der Infusion von Arzeneimitteln die Transfusion vor, warnt vor der Transfusion von Thierblut in den Menschen. Gegen unbescheidene Angriffe seiner Person und Ansichten werde er sich mit Hülfe der Polizei vertheidigen.

Sculteti armamentarium chirurgicum, c. I. B. Lamzweerde de auctioro. Lugd Batav. 1672. 8. pag. 54.

Auf Seite 54 dieses Werkes ist eine ausführliche Beschreibung und Abbildung von Lower's Transfusions-Apparaten.

G. Abraham Merklin, de ortu et occasu tranfusionis sanguinis. Norimberg 1674. 8.

Die Transfusion von einem Thier in das andere gehe dem Arzt nichts an, jene von einem Thiere in einen Menschen sei aus vielen Gründen zu widerrathen, die aus einem Menschen in einen anderen lasse zwar keine pernitiosam mutationem fürchten, müsse aber durch Erfahrung noch mehr geprüft werden.

J. Cornel Hönn, Diss. praeside Joh. Chr. Sturm, prof. Phys et Math. de transfusione sanguinis historia, methodo, et artificio. Altorfii 1676.

Es ist aus dieser Zeit die beste Dissertation: zu physiologischen Versuchen nützlich; der deutsche Arzt Philippi sei Augenzeuge gewesen von Denis glücklicher Transfusion in den schlafsüchtigen Bedienten, den Sänftenträger und beim alten durch die Transfusion verjüngtem Pferde. Aus den bisher gemachten Versuchen erhelle 1, dass die Ueberleitung eines besseren Blutes mehrere Krankheiten, wo nicht heben, doch wenigstens erleichtern könne; 2, dass ein Thier mit dem Blut des anderen leben, und 3, dass alte Personen durch neues Blut, wo nicht verjüngt, doch wenigtens auf eine Zeit zu besseren Kräften gebracht werden könnten. Ersteres dürfe man jedoch nur in sehr heftigen Krankheiten, in denen man die Säfte vergebens durch Arzeneien zu verbessern versucht habe, in denen jedoch die inneren Theile nicht verdorben seien, versuchen. Letzteres erfordere noch viele Versuche an Missethätern oder Thieren, um davon gewiss zu sein. Gegen heftigen Blutverlust könne man die Transfusion zu Hülfe nehmen. Das Blut vom Menschen sei zwar besser, aber Thierblut sei doch auch nicht ganz zu verwerfen. Das man uneinige Eheleute durch eine wechselseitige Transfusion einig machen könne glaube er nicht.

(Man sieht, der wackere deutsche Arzt Hönn hat dieselben Anschauungen schon vor 200 Jahren entwickelt, die wir heute noch haben, d. h. wir sind also seit 200 Jahre um keinen Schritt weiter gekommen.)

Claude Perrault, Essais de physique. 1680. Bd. IV pag. 405.

Claude Perault, schon zu Denis Zeiten ein Gegner desselben, veröffentlicht erst 20 Jahre später seine gegnerischen Anschauungen, obgleich er versichert, dieselben wären schon viel früher geschrieben gewesen.

Francisci Kleini, disput. an sanguinis transfusio utilis sit adhibenda, Herbipol. 1680. 4

Klein, Professor in Würzburg, erwähnt, dass der Professor der Medicin in Altorf Moritz Hoffmann der Erfinder der Transfusion sei. Schon 1662 soll derselbe, wie sein Schüler Irenaeus Vehr (l. c.) in seiner Dissertation 1668 versichert, in einer Vorlesung zu Pavia die Transfusion vermittelst einer Glasröhre in Form eines griechischen Z, zur Heilung der Melancholie vorgeschlagen und ihrer auch in einer 1663 zu Altdorf vertheidigten Dissertation erwähnt haben. Nach Klein (in seinem nächsten Werke: Sanguine apolineae etc. schlägt sie Hoffmann in manchen Krankheiten, zumal der Wuth und dem Aussatze vor. Merklin (l. c.) Hofmann's Freund und Schüler giebt uns in seinem vorhin angegebenem: «Ortu et occasu transfusionis» eine Nachricht über dessen Erfindung. Hofmann will nämlich bei seiner Transfusion aus einer Vene des Rückens der Hand eines Gesunden, durch ein kurzes Röhrchen, nur einige wenige Tropfen, nicht etwa mehrere Unzen Blut in die Vene der Hand eines Kranken überleiten, und dieses wenige Blut hält er für hinreichend, Krankheiten des Gemüths und des Körpers «quasi per insitionem» zu verbessern, um die Masse des Blutes, wie durch ein neues Ferment umzuändern, besonders, wenn man Blut von entgegengesetzter Qualität nähme.

Francisci Kleinii sanguinea apollineae palaestrae acies, quam sine strage coecis visum, surdis auditum deliris mentem, vetulis juventutem, uxoribus pacem restituendo, istruxit autor, dum Dominum Joh. Vit. Helmuth medicinae Doctorem crearet. Herbipol. 1680. 4.

Dieses Programm zeichnet sich durch seinen pomphaften Titel aus. Enthält aber nichts. Umänderung der Gemüther durch die Transfusion sei gar wohl möglich, da nach Aristoteles ein Greis nur das Auge eines Jünglings zu haben brauche, um wie ein Jüngling zu sehen, so würde das Blut eines Jünglings einen Greis kühn und munter machen. Die Transfusion von Thierblut sei nützlich, jedoch sei das Blut von Menschen vorzuziehen.

Francesco Folli Stadera medica nella quale oltre la medicina infusoria si bilancia la Transfusione del sangue quia inventata da Fr. Folli. Firenze 1680. 8. 217 Seiten.

Follius in Florenz, ein sehr in Achtung stehender Arzt und Naturforscher zu damaliger Zeit, sehlägt folgende Ausführung der Tranfusion vor. Man nehme eine Art von kleinem Trichter aus Knochen mit einem kleinen Einschnitt, um die geöffnete Vene eines Gesunden nicht zu comprimiren, auf die derselbe gesetzt wird, aus der er das Blut vermittelst einer angebundenen Blase oder eines Darms, woran eine feine silberne Röhre befestigt ist, die in die Vene des Kranken gesteckt wird, überleitet. Hierbei müsse man Sorge tragen, dass keine Luft mit überdringe. Wenn man statt des Darms eine präparirte Arterie nähme, könnte man eine solche aufsuchen, die einen kleinen Seitenast hätte, aus dem die Luft einen Ausgang fände. Das Transfusionsröhrchen könne man in der Vene stecken lassen, wenn kein beträchtlicher Schmerz daraus entstehen solle, um sich die Mühe des neuen Einbringens zu ersparen. Das Blut werde aus der Blase, seinen Versuchen nach, gut überlaufen, ohne dass man nöthig habe sie zu drücken.

Michaelis Ettenmülleri Diss. de Chirurgica transfusiona, Lipsiae 1682. 4.

Ettenmüller beweist in dieser Dissertation, dass jegliche Transfusion wegen specifischer Verschiedenheit des Blutes nicht ohne Lebensgefahr angestellt werden könne; zur Herstellung der Kräfte alter oder durch Krankheiten geschwächter Personen vermöge sie nichts, ebensowenig gegen Krankheiten fester Theile. Nur sehr selten und in verzweifelten Fällen lasse sich die Transfusion gegen Krankheiten der flüssigen Theile anwenden. Fieber, Hypochondrie, Scorbut, Herzklopfen u. s. w. damit heilen zu wollen, dürfe Keinem einfallen. Gewisse Arten von Melancholie und Manie erlaubten ihre Anwendung, ebenso auch heftige Blutflüsse. Immer muss man nur kleine Portionen Blut auf ein Mal überleiten. Lowers Transfusionsröhren seien zu lang und veranlassten leicht eine Coagulation des Blutes; besser gefallen ihm die Röhren von Dénis, dessen Transfusionsmethode er selbst während seines Aufenthaltes in Paris in Anwendung gesehen haben will.

Acta Naturae curisiorum Dec. II, An. 8. Obs. 131; Dec. III An. 9—10 Obs. 21 u. 204. 1684

Diverses über Transfusion und Transfusionsversuche.

Matth. Gottfr. Purmann, Chirurgischer Lorbeer-Krantz, oder Wund-Artzney. Frankf. u. Leipzig 1691. 4. pag. 284. 285.

In meiner Ausgabe des «Chirurgischen-Lorbeer-Krantz» zu Halberstadt 1684 gedruckt finde ich Nichts über Transfusion, obgleich es Scheel angiebt. Purmann berichtet, also warscheinlich in der zweiten Ausgabe, ausser von seiner Menschen-Transfusion im Verein mit seinem Lehrer Kaufmann, auch von Transfusionsversuchen in Thiere, die der Hessen- Casselsche Archiater Johann Dolaens angestellt hat.

Anton Nuck, Observationes et experimenta chirurgica, edita per J. T. Brem. Med. Stud; Lugd. Batav. 1696 (Der Dedication nach zu urtheilen 1692 verfasst).

Nuck, Professor in Leiden urtheilt mit Mässigung über die Transfusion. Er lässt ihr im Betreff ihres Nutzens in der Physiologie zu Demonstration des Blutumlaufs und der Rettung vom Verbluten völlige Gerechtigkeit widerfahren. In Hinsicht ihrer Anwendung in schweren Krankheiten, ist er ihr weniger gewogen. An dem Transfusions-Apparate tadelt er, dass die Communicationsröhre entweder wenn man sie von Metall mache, zu unbiegsam, oder wenn man einen Darm dazu nehme, zu schlaff sei; er schlägt daher die Luftröhre einer Henne oder jungen Ente dazu vor, als gleichweit von jenen beiden Extremen entfernt, und bildet seine Transfusionsröhre auf der letzten Tafel ab.

Matth. Gottfr. Purmann, Chirurgica curiosa in 3 Th. u. 73 Kapit. mit Kpfrn. Francof. u. Leip. 1699. 4. 1766. n. 1739 pag. 712.

Erzählt seine eigenen Transfusionen und findet, dass durch den frühzeitigen Tod der eifrigsten Vertheidiger der Transfusion, wie Elsholz, Major u. A. in Deutschland die Transfusion nicht festen Fuss gefasst habe.

Du Hamel, historia Academiae regiae scientiarum. Lips. 1700. (Cap. III. pag. 20.

Du Hamel berichtet hier, er habe den transfundirten Baccalaureus Coga, 2 Jahre nach der Transfusion gesehen, er fand einen gesunden robusten Körper, aber eben so verrückt, wie vor der Transfusion.

Joh. Ludw. Hannemann, Diss. de motu cordis. Kiel 1706.

Hannemann, ein unruhiger, verwirrter Kopf, Freund und Vertheidiger der Alchymie, Astrologie und Chiromantie, der sich durch Cabalen zum Professor in Kiel heraufgeschwungen hatte, schrieb um seinen Collegen Major zu ärgern, heftig gegen die Infusion und Transfusion. In vorliegender Schrift erklärte er die Lehre von der Circulation des Blutes für absurd, ebenfalls die Transfusion.

P. Dionis cours d'operations de Chirurgie. Paris 1708. 8. (8. Demonstrat.)

Dion, Wundarzt des Dauphin und Lector der Chirurgie in Paris behauptet, um seine Zuhörer zu warnen und ihnen einen gerechten Abscheu vor der Transfusion einzuflössen, dass die armen Tröpfe, die in Frankreich die Transfusion an sich hätten ausüben lassen, in Narrheit und Raserei verfallen seien und endlich gestorben. Das Parlament habe dieselbe hierauf bei harter Strafe verboten und dadurch einer Neuerung Einhalt gethan, die viel Schädliches wider die Liebe des Nächsten und wider die Religion würde nach sich gezogen haben. Diese gräuliche Operation sei auch mit ihren Erfindern wieder gestorben, und jetzt fast in Vergessenheit gerathen.

Barchusen, Historia Medicinae. Amstelodamae 1710. (Dialogo XVII)
Barchusen erwähnt in diesem Dialoge die Transfusion, der er deshalb günstig gesonnen ist, weil er von dem Nutzen des durch den Mund eingenommenen Blutes auf die gute Wirkung des in die Adern übertransfundirten schliesst.

Chr. Friedr. Garmanni epistolarum centuria e Museo Iman Henr. Garmani Rostocki et Lips. 1714.
Garmann, Provinzialarzt und Physicus zu Chemnitz, wurde durch Major auf die Infusion aufmerksam gemacht. Auch die Transfusion erweckte sein Intersse. Er urtheilte von ihr, dass sie wohl nach starken Blutflüssen, nie aber in Schwindsucht, Auszehrung u. dgl. Nutzen stiften könne.

Olai Borrichii Diss. de sanguine, edit. a Sever. Lintruprio. Hafn. 1715.
Olaus Borrichius, berühmter Professor der Botanik und Chemie zu Kopenhagen, meint in dieser Dissertation, dass zuerst die Theologen zu entscheiden hätten, ob das Verbot des Mosaischen Gesetzes gegen den Genuss von Blut auch von der medicinischen Anwendung gelte, im Übrigen schrecke er sonst nicht wegen Mangel an hinreichenden Versuchen vor der Transfusion zurück.

Johann Junker, Conspectu Chirurgiae. Halle 1721. 4. (pag. 527.)
Junker, praktischer Arzt im Waisenhause, schränkt den Nutzen der Transfusion nur auf heftige Blutflüsse ein.

Fürstenau, Desideratis Medicis. Leipz. 1727 (pag. 444.)
Prof. Fürstenau widerspricht der Möglichkeit der Wiederverjüngung durch die Transfusion; im Übrigen äussert er seine Urtheile nicht entscheidend.

Heisteri institutiones chirurgiae. Amstelodami 1739. 4. (Cap. 14)
Heister äussert sich ebenso ungünstig über die Transfusion wie Peter Dion.

De la Chapelle, Cheynes Methode naturelle de guerir les maladies. Paris 1749.
Herr de Chapelle ist der erste Franzose, der in der Vorrede dieses Werkes die ganz vergessene Transfusion wieder an's Licht zieht. Er urtheilt von ihr, dass sie zu früh bei Seite gesetzt sei und, dass fleissige Versuche mit derselben an Thieren vermutlich wichtige Resultate für die Erhaltung der Gesundheit und die Verlängerung des Lebens der Menschen geben würden. Diese Aufforderung von Versuchen, fügt er auf 48 Octav-Seiten, Beschreibung der Transfusionsmethode und einige Versuche hinzu.

Mercure de France. May 1749 pag. 158. 161. 163.
In dieser gelehrten Zeitung schrieb, durch die Aufforderung von de la Capelle angeregt, ein Ungenannter (M. I. P. v. D.) einen Brief, in welchem er einige

Fragen, die Transfusion betreffend, vortrug. Hierauf erfolgten zwei Briefe als Antwort, die ausser Complimenten für die Fragesteller nichts Wesentliches enthalten. Alles dies hatte jedoch für die Transfusions-Frage in Frankreich keine Folgen.

Dominicus Brogiani, De veneni animantium natura. Florent. 1752 (pag. 909 u. 111.)
Derselbe schreibt seinem Landsmanne Folli die Erfindung der Transfusion zu.

Birch, History of the Royal philos. Society 4. 1757. Vol I pag. 303.; sowie Vol. II pag. 50. 54. 67. 83. 89. 98. 115 117. 118. 123. 124. 125. 132. 133. 134. 161. 164. 166. 167. 179. 189. 191. 209. 216. 217.
Eine wahre Fundgrube für die Geschichte der Transfusion.

Halleri Elementa Physiologiae. T. I, II. Lausanne 1754.
Halleri Bibliotheca anatom. 1774. Figur 4.
Der berühmte Physiolog Haller schenkte der Transfusion, schon physiologischer Experimente wegen, bedeutende Aufmerksamkeit. Von ihrer therapeutischen Wirkung denkt er sehr ungünstig, ausgenommen in dem Falle, wo nach dem Bisse eines giftigen Thieres schnelle Hülfe möglich ist. Im Uebrigen erzählt er allerlei Geschichten von der Transfusion ohne die Quelle anzugeben z. B. in seiner Bibliotheka med. pract. T. III pag. 250: Denis habe einem jungen Menschen Pferdeblut ohne Schaden in die Adern transfundirt.

James Mackenzie, History of Health and the art of preserving it. Edinb. 1760.
Mackenzie fällt über die Transfusion ein sehr mässiges Urtheil. Er glaubt man könne durch dieselbe das Leben verlängern.

J. A. Hemman, Medicinisch chirurgische Aufsätze. Berlin 1778, 2. Auflage 1791.
Hemman, Königl. Preussischer Pensionair-Chirurg, ein junger zu früh gestorbener Gelehrter, ist sehr von der Transfusion eingenommen. Er giebt eine Geschichte der Transfusion fast ganz nach Haller, daher etwas ungenau, behauptet, dass mit Unrecht diese Operation bloss in die Büchersäle, als eine medicinische Antiquität verwiesen sei, sie verdiene, dass sie wieder in Anwendung gebracht würde, nur müsse man nicht so übertriebenene Hoffnungen, etwa das Leben zu verjüngen, auf sie setzen.

Fuller, New hints relative to the Recovery of Persons drowned. London 1785.
Fuller räth neben dem Gebrauch der Elektricität auch die Ueberleitung von warmem Blut aus der Vene eines Thieres in die Vene des scheintodten Menschen zu versuchen.

Lassus, Discours historique et critique sur les decouvertes faites en Anatomie. Paris 1783.
Lassus, Professor am chirurgischen Collegio in Paris, schrieb auf 10 Seiten eine kurze und flüchtige Geschichte der Transfusion und spricht ihr am Ende das

Verdammungsurtheil. Ebenso ungünstig ist das Urtheil in der berühmten Encyclopaedie universelle T. 41, pag. 226.

G. Richter, Diss. de Haemorrhagiarum pathologia, semiologia et therapia. Marburg 1785.
Schlägt die Transfusion bei Blutflüssen vor. Schrieb später über die Transfusion in Hufeland's Journal.

Michele Rosa, Lettre fisiologiche, terza editione ridornata ed accesciuta di una prefaz del autore e di alcune giunte importanti, T. I. II Napoli 1788. 8.
Rosa, Professor und Praesident der med. Facultät zu Modena, der berühmte Verfasser vorstehenden Werkes, erwarb sich während dieses Jahrhunderts entschieden die meisten Verdienste um die Transfusion. Seine Thier-Transfusionen sind bis heute werthvoll. Ich verweise darauf (bei Scheel Theil II, pag. 132.) Er kam zu folgenden Schlüssen: 1, dass die Gefässe eines lebenden und gesunden Thieres im Stande sind, ohne dass das Leben darunter leidet, eine viel grössere Menge Blut aufzunehmen und in Umlauf zu setzen; dass folglich die Gefässe nicht durchaus voll sind; 2, dass man, ohne dem Leben zu schaden, das Blut eines Thieres von verschiedener Art mit dem Blute eines andern in dessen Adern mischen könne; 3, dass die Wiederbelebung eines verbluteten und dadurch leblos gewordenen Thieres durch die Wiedereinzapfung des arteriellen Blutes eines Thieres anderer Art möglich ist.

An Essay on vital suspension etc. by a Medical Practitoner.
Aufforderung bei Scheintod die Transfusion anzuwenden.

Sammlung physicalischer Aufsätze von einer Gesellschaft Bömischer Naturforscher. herausgegeben von Mayer 1793. 8. (Bd. III.)
Ein gewisser Cetti aus London schreibt in diesem Journal, dass Dr. Haarwood zu Cambridge im College vor seinen Zuhörern 1792 einen verblutenden Hund durch Hammelblut-Transfusion wieder belebt habe. Haarwood hörte eines Tages, dass in der Nähe der Stadt ein Mann an einer gefährlichen Schusswunde sich zu Tode verblute. Sofort packte er ein Kalb auf und eilte dorthin, leider war der Mann schon gestorben. (Scheel II, pag. 52).

Historical Magazin. London 1792 (May pag. 167.)
Erzählung, dass der Wundarzt Russel einen Knaben, der die Lyssa hatte, durch die Transfusion gerettet habe.

Nicolai, Recepten und Curarten. Jena 1792 (Th. IV pag. 411—446)
Notizen über Transfusion nach Haller und Hemman; Hofrath Nicolai verwirft völlig die Transfusion.

Rougemont, Handbuch der chir. Operation. Frankfurt 1793.
Professor Rougemont urtheilt ziemlich günstig im Betreff der Transfusion.

Darvin, Zoonomia. Lond. 1796. 4. Vol. I. pag. 32.
Darvin, ein scharfsinniger Arzt und origineller Denker, ist der Meinung, dass im Aufang eines «fauligten Fiebers», wenn der kleine Puls und andere Zeichen den

Mangel des Reizes der Ausdehnung verriethen, eine wiederholte Transfusion von ungefähr 4 Unzen des Tages aus einem gesunden Menschen, oder einem Schaafe, oder einem Esel von grossem Nutzen sein werde. Ferner könne man sie während der Krankheit selbst, solange der Magen noch unthätig sei, jeden 2. oder. 3. Tag wiederholen, bis, dass man endlich die Ernährung dem Magen selbst wieder anzuvertrauen wagen dürfe. Auch beim Scirrhus Oesophagi oder einem ähnlichen Hinderniss der Ernährung müsse man die Transfusion zu Hülfe nehmen. Um die Transfusion gehörig anzustellen, müsse das Blut der Luft nicht ausgesetzt und bei seiner natürlichen Temperatur erhalten werden, auch müsse man die Quantität desselben gehörig bestimmen können. Zu diesem Ende empfiehlt er ein Transfusionsinstrument aus einem frischen Hünerdarm, einen Zoll lang, an dessen einem Ende eine Röhre, etwas weiter wie eine Schwanenfeder, und am andern eine Röhre, so dick wie eine Rabenfeder, befestigt wird. Nachdem man hierdurch den Menschen und das Thier in Verbindung gesetzt hat, lässt man den Darm, dessen Capacität bekannt ist, Portionenweise voll laufen, und drückt so das Blut in die Vene des Menschen über. Um die Abkühlung des Blutes zu verhindern, mache man die Operation in einem warmen Zimmer, und halte ein 98 Grad Farenheit warmes Gefäss unter die Röhre.

Sundhets-Journal. Juny 1796. (pag, 37.)
Professor Tode, Dänischer Arzt, schlägt die Transfusion bei grossen Blutverlusten sowie überhaupt bei der Asphyxie vor.

Metzger, Skitze einer pragmatischen Literärgeschichte der Medicin. Königsberg 1792 (§ 268).
Hofrath Metzger nennt die Transfusion eine ebenso gefährliche, als auf eine gänzliche Roheit der Begriffe sich gründende Operation; er nennt die damit in therapeutischer Hinsicht angestellten Versuche ein redendes Beispiel von der Verirrung des menschlichen Geistes.

Medical Extract on the Nature of Health; by a friend to Improvement. A. new Edit. London 1796. 8. (Vol. III, pag. 653).
In diesem populären Werke wird die Transfusion als einziges Hülfsmittel in heftigen Blutflüssen empfohlen. Er beklagt, dass die Transfusion mit Unrecht in Verfall gekommen und macht zugleich auf den Reiz aufmerksam, den das übergeflösste arterielle Blut, ausser seiner Wirkung durch Ausdehnung der Gefässe vermittelst seiner grösseren Menge an Oxigèn ausübt.

J. C. Haefner, Teltoviensis Diss. de Infusione et Transfusione. Jenae 1798. 4. 26.
Die Transfusion von Thierblut werde unter gehöriger Vorsicht nicht nachtheilig sein. Die Röhren zur Transfusion räth er ziemlich dick zu machen, damit das Blut sich nicht zu geschwinde darin abkühle, wobei man ihnen indessen nur eine kleine Oeffnung geben müsse, damit sich das fremde Blut nur allmälig dem alten beimische.

Hufeland, Journal, der prakt. Heilkunde. 8. Bd. 1. St. pag. 141. 144. 1799.

Hufeland macht hier auf die fast vergessene Transfusion aufmerksam, von der er zwecks Wiederbelebung noch viel erwartet.

Kausch, Geist und Kritik der med. u. chirurgischen Zeitschriften Deutschlands. 3. Jahrgang. 2 Bd.

Dr. Kausch wendet gegen Hufeland's Vorschlag ein, dass man, um die Transfusion machen zu können, erst durch Ablassung des alten Blutes für das neue Platz machen müsse, und dies würde in der Regel die Asphyxie tödtlich machen.

Willich, Series of Lectures on Health. London. 1798.

Willich ist überzeugt, dass die Transfusion im Stande sei, das Leben zu verlängern.

Arnemann, System der Chirurgie. Göttingen 1799.

Hofrath Arnemann führt die Transfusion an, enthält sich jedoch eines bestimmten Urtheils über ihren Werth.

Bichat, Recherches sur la vie et la mort. Paris 1800. (Cap. II).

Bichat machte diverse Transfusionen an Thieren, die nur physiologisches Interesse haben.

Portal, Cours de Physiologue experimental. Paris 1800.

Portal urtheilt über die Transfusion, dass sie mit vielen Schwierigkeiten verbunden sei, man müsse nämlich 1) Sorge tragen, dass nur ungefähr ebenso viel Blut wieder eingeflösst werde, als da abfliesse, indem eine Ueberfüllung der Gefässe gefährliche Zufälle und selbst den Tod nach sich ziehen könne; 2) müsse das übergeflösste Blut eines andern Thieres ungefähr einen gleichen Grad von Wärme haben, wie das eigne Blut, indem es sonst leicht schädlich werden könne; 3) laufe man Gefahr, die Krankheiten der Thiere mit ihrem Blute dem Menschen mitzutheilen; 4) sei die Operation an und für sich selbt schwer zu machen, denn theils sei es nicht leicht, die Röhre in die Arterie des Thieres einzubringen, theils verbluteten sich die Thiere leicht während der Operation, oft auch gerinne das Blut in den Röhren, wenn man sie nicht gehörig warm halte. Endlich 5) sei mit derselben nicht einmal viel ausgerichtet; eine Menge Krankheiten wirkten garnicht aufs Blut. Obgleich nun Portal die Transfusion für eine blosse medicinische Curiosität erklärt, so stellte er doch, um seinen Zuhörern den Blutlauf zu demonstriren, höchst gelungene Versuche mit derselben an.

Hufeland, Journal der prakt. Heilkunde. XI. Bd. 4. St. pag. 171. 174. 1801.

Der vorhin hier schon erwähnte Doctor, G. Richter, durch Hufeland's Artikel veranlasst, bringt seinen Vorschlag, die Transfusion als ein Heilmittel bei Blutflüssen anzuwenden, wieder in Anregung. Da es am zweckmässigsten sei, Menschenblut zu transfundiren, und da dies arterielles Blut sein müsse, so wirft er die Frage auf, ob nicht von Obrigkeitswegen Missethäter dazu bestimmt werden könnten, einen Theil ihres Blutes zur Rettung eines Verbluteten herzugeben, zumal da bei gehöriger Vorsicht keine Lebensgefahr für sie damit verbunden sei.

Die Kunst sich wieder zu verjüngen. Hamburg 1801.

Es wird hier alten Matronen ironisch angerathen, die Transfusion zwecks Wiederverjüngung an sich vornehmen zu lassen.

Paul Scheel, Die Transfusion des Blutes und Einspritzung der Arzeneyen in die Adern. Historisch und in Rücksicht auf die praktische Heilkunde bearbeitet. Band I, Copenhagen 1802. Band II. Copenhagen 1803.

Paul Scheel, ein deutscher in dänischen Diensten stehender Arzt, bewirkte durch sein vorstehendes historisches Sammelwerk, dass die Transfusion von der Mehrzahl der gebildeten Aerzte nicht mehr als ein «chirurgisches Curiosum», sondern als eine sehr der Beachtung und näheren Forschung werthe Operation angesehen wurde. Scheel bereiste zwei Jahre lang den Continent, durchstöberte mit dem eisernen Fleisse des deutschen Gelehrten ausser der Kopenhagener Bibliothek, sämmtliche grossen Bibliotheken Deutschlands (Göttingen, Wolfenbüttel, Berlin, Dresden, Wien), Italiens und Frankreichs. Diesem unermüdlichen Forscherfleisse ist es zu verdanken, dass wir gegenwärtig über die Transfusion einen vollkommen historischen Überblick haben. Paul Scheel's Name wird für alle Zeiten ehrenvoll mit der Transfusion verflochten sein.

DIE

NEUE TRANSFUSIONS-LITTERATUR

1815. **E. Hufeland.** Diss. De usu Transfusionis sanguinis, praecipue in asphyxia. Berolini. (8)
1815. **Simonde de Sismondi.** Histoire des République italiennes du moyen âge. Paris. Tom. XI.
1817. **E. A. v. Graefe.** Diss. De novo infusionis methodo. Berol. c. tab.
1817. **Petr. Christ. de Boer.** Diss. physiologica-medica de transfusione sanguinis. Groeningae. (8)'
1818. **Cline.** Medico-chirurgical Transactions. Volum. IX, part. I, pag. 56—92.
1819. **F. M. S. V. Hoefft.** Diss. De sanguinis transfusione. Berolini.
1821. **Prevost** et **Dumas.** Bibliotheque universelle de Genève. T. XVII.
1822. **Magendi.** Journal de Physiologie. Tom. II, pag. 338.
1823. **Milne-Edwards.** Thèse de Paris. (73 Seiten)
1824. **Tietzel.** Diss. De transfusione sanguinis. Berolini.
1824. **Blundell.** Researches physiological and pathological on transfusion of blood. London.
1824. **Schneider.** Entwurf zu einer Heilmittellehre gegen psychische Krankheiten. Tübingen. pag. 372.
1825. **Doubleday.** The Lancet. 8. October.
1825. **Waller.** Observations on the Transfusion of Blood.
1825. **Blundell.** The Lancet. Vol. IX, pag. 205. 19. November.
1825. Archives gén. de méd. Vol. IX, pag. 560.
1826. **Blundell.** Medico-Chirurgical Review. Vol. VIII u. IX.
1826. **Doubleday.** The Lancet. Vol. IX, pag. 782. 4. März, 29. April. May 29.
8126. **Jewell.** London Medical and Physical Journal.
1827. **Barton-Brown.** London Medical and Physical Journal. Febr.

1828. **Barton-Brown.** Edinburgh Medical and surgical Journal. p. 451.
1828. **Clement.** The Lancet. Febr. 2, Febr. 9.
1828. **J. F. Dieffenbach.** Die Transfusion des Blutes und die Infusion der Arzeneien in die Blutgefässe. Berlin.
1828. **Hertwig.** in Hecker's Annalen der Medicin. 4—5-ter Band.
1828. **Bourgeois.** Arch. de méd. pag. 470.
1829. The Lancet. Jan. 3.; Juni, N° 302.
1830. **Gondin.** Journal des Progrès. 2me Série I., pag. 236
1830. Archiv gén. de méd. Vol. XXII, pag. 99. u. Vol. XXIV.
1830. **Bird.** Midland med. a. surg. Repository. Febr.
1830. Journal universel.
1830. American Journal of med. Sciences.
1830. **Marcinkowsky.** Hamburg. Zeitschrift f. d. ges. Medicin von Dieffenbach, Fricke, Oppenheim. Band I, pag. 189.
1830. Mémorial du Midi (historique) Tom. II., pag. 35, 92.
1830. **Dieffenbach.** Rust's Magazin für die gesammte Heilkunde. Tom. XXX.
1831. Bulletin thérapeutique. Vol. I.
1831. **Crosse.** Cases in Midwifery.
1831. **Kleinert.** Repert. du Journal XII, pag. 110.
1832. Geburtshülfliche Demonstrationen. XI Heft Weimar. Taf. 44.
1832. **John T. Ingleby.** A pract. treatise on uterine haemorrhage in connection with pregnancy and parturition. London.
1832. Würtemberg. med. Corresp.-Blatt. N° 22.
1832. **Walter.** Diss. De sanguinis in haemorrh. uterina transfusione. Erlang.
1833. London Med. and Surg. Journal. Juni.
1833. Archives générales. Vol. III.
1833. **Richerard.** Traité de Physiologie. Tom. I., pag. 459.
1833. Gazette médicale. Mai.
1834. Medical-Gazette. Vol. XIV.
1834. Würtemb. med. Correspondenz-Blatt N° 16.
1834. **Bickersteth.** Liverpool med. Journal.
1834. Schmidt's Jahrb. 1834. Bd. III, pag. 292.
1834. Guy's Hospital Reports. Vol II, pag. 256.
1835. **Collins** a practical treatise on Midwifery. London.
1835. **Furner.** London med. Gaz. Vol. XVI. 4. Juli.
1835. The Lancet. März 28.
1835. Rust's Magazin. Bd. 37. pag. 437.

1835. **Bischoff.** Müller's Archiv. Bd. II, pag. 347, 360.
1837. **Liphard.** Diss. De transfusione sanguinis et infusione medicamentorum in venas. Berolini.
1838. **Bischoff.** Müller's Archiv. Bd. V, pag. 351.
1838. **Berg.** Würtemb. med. Corresp.-Blatt. VIII, N⁰ 1.
1839. **J. Blundel's** Vorlesungen über Geburtshülfe von Thomas Castle. Deutsch von Ludw. Calman. Leipzig.
1839. **Burdach.** Traité de Physiologie. Tom. VI, pag. 400.
1839. **Bliedung.** Pfafi's Mittheilungen, neue Folge. Jahrgang V. Hft. 11 u. 12, pag. 45.
1840. Hufeland's Journal. St. 5. pag. 122.
1840. **Richard Oliver.** Edinburgh Medical and Surgical Journal. N⁰ 145, pag. 40. Oct.
1840. The Lancet. 5. Sept.; Oct.
1841. **M. Peet.** The Lancet. Novemb. pag. 305.
1841. **S. Lane.** Froriep's N. Notizen. Bd. XVIII, pag. 316.
  Hier befindet sich die Beschreibung von Lane's Transfusions-Apparat.
1841. **Giacomini.** Trattato filosofico-sperimentale dei soccorsi terapeutiche. Tom V, parte II.
  Giacomini verwirft die Transfusion als nutzlos und selbst gefährlich, im besten Falle unschädlich.
1842. **Mugna** in Omódei's Annali universali di Med. Giugno. pag. 569—578.
  Mugna schliesst sich den Ansichten Giacomini's an.
1842. **Wolf.** Vermischte Abhandlungen aus dem Gebiete der Heilkunde von einer Gesellschaft pract. Aerzte in St.-Petersburg. Sechste Sammlung, pag. 190.
1842. **Magendie.** Leçons sur les phénomènes physique de la vie. Vol. IV, pag. 366, 376, 387.
1842. Neue Zeitschrift für Geburtskunde. Bd. XIV, Hft. 1, pag. 141.
1842. Casper's Wochenschrift. N⁰ 20.
1843. Jahrbücher des ärztlichen Vereins in München. II Jahrgang, pag. 381.
1844. **Carré.** Thèse de Paris.
1845. **Dieffenbach.** In Rust's Chirurgie. Bd. IX, pag. 633.
1845. Northern Journal of Medicine. Decemb.
1846. Braithwaites Retrospect.
1847. **Sotteau.** Gazette méd. de Paris; pag. 787.

1848. Medical Times. Jan.
1849. Medico-chirurgical Transactions. Vol. XXXV, pag. 422.
1849. **Routh**. Statistische und allgemeine Bemerkungen über Transfusion des Blutes. Medical Times for August.
1849. Comptes-rendus de la Soc. de Biol. Vol. I, pag. 105.
1850. Gazette des hopiteaux. pag. 150.
1850. Comptes-rendus. Vol. II, pag. 271.
1851. Archives générales. Vol. XXV.
1851. Comptes-rendus. Vol. III, pag. 101.
1851. The Lancet. April 19.
1851. Bulletin thérapeutique. 15 May.
1851. Revue médicale. Mars.
1851. Gazette médicale de Paris. 5. Juli.
1851. Gazette des hôpiteaux. 15.
1851. **Achille Périer**. Thèse de Paris. 195 Seiten.
1851. **Giovanni Polli**. Gazette d'Omodei.
1851. **Bérnard**. Traité de Physiologie. Tom. III, pag. 649.
1851. **Canstatt**. Jahresbericht für 1851. Bd. V, pag. 153.
1851. **Oppenheim's** Zeitschrift f. d. Medic. Bd. XXIX, pag. 436.
1852. **Mathias Vitalis Schiltz**. Diss. De Transfusione sanguinis ejusque usu therapeutico. Bonae. 8. 84 Seiten.
1852. **F. Devay u. Desgranges de Lyon**. Nouvelle opération de sang practiquée avec succès dans un cas d'anémie, suite d'hémorrhagie. Bull. de Thérap. Révue médicale. Février, pag. 211.
1854. **Giovanni Polli**. Recherches et expériences sur la transfusion du sang. Annali universali de medicina. Mars. Archives générales. Oct., Novbr.
1852. New-York medical Times. pag. 355.
1852. **Soden**. Tabelle in den London medico-chirurgical Transactions. Vol. XXXV, pag. 413, 434.
1852. **Etienne Passement**. Thèse de Paris. 172 Seiten.
1852. **Devay u. Desgranges**. Gazette médicale de Paris. pag. 4, 20, 31.
1853. Archives de médicine. pag. 342.
1853. Northern Lancet; Febr. pag. 237.
1853. **Mathieu**. Neues Instrument behufs der Transfusion. Gazette des Hôp. N° 119.
1853. The Lancet, Febr. 26,
1854. **Schmidt's** Jahrbücher. Bd. 84, pag. 217.

1854. **Soden.** Über Transfusio sanguinis. Révue de thérapeut. méd.-chir. Avril.
1854. **Durand.** Thèse de Montpellier. 8.
1854. **Filippo Trenti** in Pavia. Del metodo operativo per praticare la transfusione del sangue.
1855. Comptes-rendus de l'Académie des sciences. Vol. XLI, p. 118.
1856. **Leroux.** Thèse de Paris.
1857. Liverpool med. chir. Journ. 1. Januar.
1857. Gazette des Hôpit. pag. 20.
1857. The Lancet.
1857. **Wheatkroft.** Gazette médicale de Paris. 26 December.
1857. **Giraud-Teulon.** Gazette médical de Paris. pag. 215.
1857. **Milne Edwards.** Leçons sur la physiologie et l'anatom. comp. Tom. I, pag. 326.
1857. Liverpool med.-chir. Journal.
1857. Archiv. gén. Sept. pag. 346.
1857. Gazette des hôpitaux. pag. 65.
1857. Moniteur des hôpitaux. pag. 65.
1858. **Quinche.** Thèse de Paris. 223 Seiten.
1858. Union méd. 1858. N" I. 5. Febr., 25. März.
1858. **Farral.** Die Transfusion des Blutes bei Pferden. Dublin Quaterly — Journal. Febr. 1858. (Rep. XX, pag 140).
1855. **E. Brown-Sequard.** Recherches expérimentales sur les propriétés physiologiques et les usages du sang rouge et du sang noir et de leur principaux etc. 3-me et dernière partie. Journ. de Physiologie de Brown-Sequard. Tom. I, pag. 729—735.
1858. **Brown-Sequard.** Journal de Physiologie. Tom. I, pag. 175, 366, 666, 669, 731.
1858. Bulletin thérapeutique. Vol. LVI, pag. 85.
1859. **Eduard Martin.** Über die Transfusion bei Blutungen Neuentbundener. Berlin. 8. 91 Seiten.
1859. **Brown-Sequard.** Journal de Physiologie. Tom. II, pag. 76.
1860. **Michaux.** Bulletin thérapeutique. Tom. I.VII, pag. 163.
1860. **Ch. Waller.** On transfusion of blood in obstetricial Transact. of London. Vol. I.
1860. **Neudörffer.** Über Transfusion bei Anaemischen. Öster. Zeitschrift pract. Heilkunde. pag. 8 u. 9.
1861. **Johannes Dreesen.** Diss. De transfusione sanguinis. Kiliae 1861.
1861. **Martin.** Monatsschrift für Geburtskunde. XVII. April. p. 269.

1862. **Nussbaum.** Über Transfusion. Bayer. Ärztl. Intell.-Blatt. N° 9.
1862. **Demme.** Schweiz. Zeitschrift für Heilkunde. pag. 437.
1862. **Brown-Sequard.** Journal de Physiologie. Tom. V, pag. 600, 653, 662.
1862. **Moncoqu de Caen.** Gazette des hôpitaux. pag. 390. Beschreibung seines neuen Transfusions-Apparates.
1863. **P. L. Panum.** Experimentelle Untersuchungen über die Transfusion, Transplantation oder Substitution des Blutes in theoretischer oder praktischer Beziehung. Berlin. (Separat-Abdruck aus Virchow's Archiv für pathologische Anatomie.)
1863. **Guilh. Boldt.** De transfusione. Diss. Berolini.
1863. Recherches physiologiques et pathologiques sur la transfusion du sang. Union médicale. pag. 125.
1863. **Liegard.** Reflexions à propos de la transfusion. Gazette des hôpitaux. pag. 130.
1863. **Oré.** Études historiques et physiologiques in Recueil de la Société des sciences physiques et naturelles de Bordeaux.
1863. **Louis Constant. Courtois.** Quelques considérations sur la transfusion du sang. Thèse de Strasbourg. 86 Seiten.
1863. **Graily-Hewit.** Über die Transfusion in der Geburtshülfe. Brit. med. Journal. August.
1863. The Lancet. 7. März. pag. 265.
1864. Gazette médicale de Lyon. Avril.
1863. Schmidt's Jahrbücher. Bd. 118, pag. 194.
1863. Bulletin thérapeutique. 1863.
1863. Union méd.' N⁰ 49.
1863. **Braun.** Wiener med. Wochenschrift. Jahrgang XIII, N° 21.
1866. **Blasius.** Statistik der Transfusion des Blutes; im Monatsblatt für med. Statistik, Beilage zur deutschen Klinik. 1863. N° 11.
1863. **Hermann Demme.** Militair-chirurg. Studien. Würzburg. pag. 178.
1864. **Jean Paul Morély.** Nouvelles considérations sur la transfusion du sang. Thèse de Paris. 185 Seiten.
1864. **Kühne.** Centralblatt f. d. med. Wissenschaften. N° 9.
1865. **W. Ssutugin.** Die Transfusion des Blutes. Dissert. (russisch) St. Petersburg.
1864. **Moncoqu.** Thèse de Paris. (8) 185 Seiten.
1865. **Graily-Hewit.** Apparatur for the etc. of transfusion, in obstetricial transaction of London. Vol. VI. pag. 126.

1865. Niedérl. Tydschr. v. Geneesk. 1 Afd. pag. 129. Maart.
1865. Oré. Recherches expérimentales. Thèse pour les doctoratés sciences naturelles. Bordeaux.
1865. Braune in Leipzig. Arch. f. klin. Chirurgie. VI. 3. pag. 648.
1865. Giovanni Capello. Ann. univers. Giugno.
1865. Aveling. On immediate transfusion, in obstetrical Transact. of London. Vol. VI, pag. 136.
1866. A. Eulenburg u. L. Landois. Die Transfusion des Blutes. Nach eigenen Experimental-Untersuchungen und mit Rücksicht auf die operative Praxis. Mit 4 Holzschnitten. Berlin 1866. 8° 72 Seiten. (Separat-Abdruck aus der Berliner klinischen Wochenschrift. 1866).
1866 Nussbaum. Vier chirurgische Briefe etc. München.
1866. Braune in Leipzig. Monatsschrift für Geburtskunde, XXVII, pag. 215.
1866. Friedberg. Die Vergiftung durch Kohlendunst. Berlin 1866, pag. 161—185.
1866. Goulard. De la transfusion du sang. Thèse de Paris.
1866. Mathieu. Gazette des hòpitaux. Novembre.
Beschreibung seines neuen Transfusion-Apparates.
1866. Giovanni Polli. Ann. univers. CXCVIII. pag. 237. November.
1866. Profes. Francesco Scalzi in Rom. Esperienze sulla transfusione del sangue, precedute da cenni critici sulla storia di detta operatione; im Giorn. med. di Roma. April.
1866. Mayer. Ein Fall von Transfusion. Bairisch ärztlich. Intellig.-Blatt. N° 37.
1866. Mosler. (Greifswald). Transfusion bei Leukäemie. Berliner klinische Wochenschrift. N° 19.
1867. Landois L. (Greifswald). Die Transfusion des Blutes in ihrer geschichtlichen Entwickelung und gegenwärtigen Bedeutung. Wiener med. Wochenschrift. N° 30—59.
1867. Fr Mosler. Über Transfusion defibrinirten Blutes bei Leukaemie und Anaemie. Mit einer Tafel. Berlin. 23 Seiten.
1867. Robert Druit. Chirurgisches Vademecum. Deutsch bei Enke in Erlangen.
1867. Neudörfer. Handbuch der Kriegschirurgie. Leipzig 1867, Allgem. Theil. Anhang, pag. 144, f. f.
1867. Fr. G. J. Hirschfelder. Diss. Über die Transfusion des Blutes. Berlin. 8. 33 Seiten.

1867. **Fried. Riehl.** Diss. De sanguinis transfusione. Berolini 1867. 32 Seiten.
1867. **Ernest H. Kohlmann.** Diss. De transfusionis sanguinis indicatione. Berolini. 30 Seiten.
1867. **Carl Bernhardi.** -- Diss. De transfusione sanguinis. Berolini 1867. 29 Seiten.
1868. **C. F. Kremer.** Diss. Ueber die Mittel zur Wiederbelebung beim Scheintode der Neugeborenen mit Hinzufügung dreier durch die Transfusion behandelter Fälle. Greifswald.
1867. **Benneke.** Berliner klinische Wochenschrift N^0 14.
1867. **Roussel** de Genève. Archiv de l'anat. et de la physiol. N^0 5. pag. 552—560.
Ein Instrument zur directen Transfusion von Arm zu Arm. Sehr complicirt. Die betreffenden Venaesectionen müssen unter Wasser gemacht werden.
1867. **Uterhart.** Deutsche Klinik. pag. 130.
1867. **B. Beck.** Kriegschirurgische Erfahrungen während des Feldzuges 1866 in Süddeutschland. pag. 122. Freiburg in Br.
1867. Berichte über die Verhandlungen der königl. sächsischen Gesellschaft der Wissenschaft zu Leipzig. Math. phys. Classe. I. II. pag. 49, 52.
1867. **Frese.** Virchow's Archiv. XL. pag. 302.
1867. **Lorain** Paris.
1867. **Schiltz** (Cöln). Transfusion bei Cholera. Deutsche Klinik N^0 39.
1868. **Demme.** Mittheilungen. Transfusion bei einem durch langdauernde und tiefgreifende Diphteritis gänzlich erschöpften Knaben. Jahrbuch für Kinderheilkunde N^0 1.
1868. **Rautenberg.** St. Petersburg. Die Transfusion des Blutes. Vortrag. St.-Petersburger med. Zeitschrift XIII. pag. 261—302.
1868. **Zaunschirn.** Transfusion bei hochgradiger Anaemie. Wiener med. Presse N^0 36.
1868. **Lange. W.** (Heidelberg). Ein Fall von puerperaler Eklampsie mit nachfolgender Transfusion. Prager Vierteljahresschrift. IV, pag. 168.
1868. **Braman.** Boston med. and surg. Journ. N^0 26.
1868. **Uterhart.** Eine vereinfachte Transfusionsspritze. Berliner klinische Wochenschrift, N^0 10.
1868. **H. Gentilhomme.** Bull. de la Soc. méd. de Reims.

1868. **Tschörtner, Arthur.** Metrorrhagien in Folge von Lostrennung der normal gelegenen Placenta während der letzten Schwangerschaftsmonate und während der Geburt. Diss. Berlin.
1868. **J. Mader.** Wiener med. Wochenschrift. N⁰ 57—50.
1868. **J. Mader.** Wochenbl. der Gesellschaft der Wiener Ärzte N⁰ 46.
1868. **Roussel.** Instrument pour la transfusion du sang. Arch. de l'anat. et de la physiol. N⁰ 5, pag. 552—560.
1868 **Buchser** Successfull case of transfusion. New-York Med. Record. 1. Oct. pag. 338.
1868. **Dr. Willis.** Gazette des Hôpit. pag. 586.
1868. **H. Gentilhomme.** Gazette hebd. 2 Sér. VIII (XVIII) 39. p. 620.
1868. **Fr. Gesellius.** Capillar-Blut — undefibrinirtes — zur Transfusion. Ein neuer Apparat zur Transfusion, sowohl zur einfachen, als auch zur depletorischen. St. Petersburg 49 Seiten. Mit Holzschnitten.
1868. **Landois.** Zur Statistik u. Experimental-Erforschung der Transfusion. Wiener med. Wochenschrift N⁰ 105.
1869. **W. Rautenberg.** Zwei Fälle von Transfusion undefibrinirten Blutes bei Blutungen Neuentbundener. Monats-Schrift f. Geburtskunde XXXIV. 2. pag. 116.
1860. **C. Hennig** in Leipzig. Monats-Schrift f. Geburtskunde. XXXIII, pag. 223.
1869. Prof. **L. Concato** in Bologna. Riv. clin. IX. Sett.
1869. **Dusescu.** Dissertation. Greifswald.
1869. **Enrico Albanese.** Sette casi di transfusione di sangue, Palermo.
1869. **Hueter.** Centralblatt. N⁰ 25.
1869. **Brown-Sequard.** Gazette de Paris. 32.
1869. **Bresgen.** Die Lanzennadelspitze zur Infusion und Transfusion. Berlin. Klinische Wochenschrift. N⁰ 30.
1869. **Mittler.** Versuche über die Transfusion des Blutes. Wien.
1869. **Sternberg.** Transfusion of blood and other liquids. New-York med. Record. 1 Oct. pag. 337.
1869. **de Belina.** Nouveau procédè pratique de la transfusion du sang. Compte-rendu LXXIX. No 14, pag. 765.
1869. **Stöhr.** Archiv für klinische Medicin. Band VIII, Hft. 5 u. 6.
1860. **A. Casselmann.** St.-Petersburg, Zur Geschichte der Transfusion. Pharm. Zeitschift für Russland. VIII, Heft 2.
1869. **Lister.** Case of transfusion. Glasgow med. Journ- Nov.
1869. **L. von Belina-Swiontkowsky.** Die Transfusion des Blutes in

physiologischer und medic. Beziehung. Heidelberg. 156 Seit. mit 19 Holzschnitten.
1869. **Buchser.** Successfull case of transfusion. New-York med. Record. 1 Oct. 1869, pag. 337.
1869. **F. W. Hertzberg.** Die Transfusion des Blutes. Diss. Greifswald.
1869. **Longet.** Traité de physiologie. Nom. II, pag. 32.
1869. **Charles Marmonier.** De la transfusion da sang. Paris. bei Masson et fils. 164 Seiten.
1869. **Wiliam Mac Ewen.** Glasgow med. Journ. II. I. pag. 128. Novbr.
1869. **J. Braxton Hix.** Cases of transfusion on with some remarks on a new method of performing the operation. Guy's Hosp. Repts. No 5. XIV, pag. 1- 14.
Beschreibung von Dr. Hamilton's Apparat, bei welchem die Schwerkraft (Gravitation) zur Eintreibung des Blutes in die Vene verwendet wird (6 Fälle).
1869. **Hasse** in Nordhausen. Berl. klin. Wochenschrift. No 35.
1869. **Lorain.** Transfusion du sang fait à l'hopital Saint-Antoine. Gaz. méd. de Paris. No 32, pag. 427.
1870. **Schatz.** Monats-Schrift f. Geburtskunde XXXIV. 2. pag. 95.
1870. **Massmann.** Beiträge zur Casuistik der Transfusion des Blutes Diss. Berlin. 50 Seiten.
Diese unter Eulenburg's bewährter Leitung verfasste Dissertation stand mir leider nicht zur Verfügung.
1870. **K. W. Saklén.** Diss. Om transfusion. Helsingfors. 66 Seiten.
1870. **Michel.** Transfusion mit Erfolg nach einer profusen Magenblutung bei einem 63jährigen Manne. Berl. klin. Wochenschr.
1870. **A. Evers** in Rostok. Zur Casuistik der Transfusion. Deutsche Klinik. Nr. 8, 9, 10.
1870. **Antonio Cavaleri.** Ann. univers. CCXII, pag. 508. Maggio e giugno.
1870. **A. Evers.** Zur Casuistik der Transfusion. Rostoker Dissert. Berlin 1870. (Separat-Abdruck aus der deutschen Klinik).
1870. **C.Uterhart.** Berl. klin. Wochenschrift. VII. 4.
1870. **Hüter. C.** Die arterielle Transfusion. Archiv f. klin. Chirurgie. XII. I. pag. 1 f. f.
1870. **Lemattre G.** La transfusion du sang et la vie des éléments de l'organisme. Revue des deux Mondes. 15 janvier, p. 387.
1870. **Albanese** (Palermo). Sette casi di transfusione di sangue. Annali universali. Gennajo, pag. 125.

1870. **Uterhart.**—Zur Lehre von der Transfusion. Berliner klinische Wochenschrift. Nr. 4.

1870. **Belina**.—Note sur deux cas où la transfusion du sang a été practiquée avec succès. Gaz. méd. de Paris. Nr. 2, pag. 17.

1870. **Freer.**—Report of a vivisection illustrating lectures on the blood. (reported by F. L. Wadsworth, Chicago.) Boston med. and surg. Journal. 13. Jan. pag 26.

1870. **M. Donnel**, Robert. — Remarks on the operation of transfusion and the apparatus for its performance. Dublin quaterly Journal of med. science. November 1, pag 257.

1870. **Albanese E.** — Inversione cronica dell' utero complicata a grave anaemia. Transfusione di sangue e riduzione compleat dell' utero con pessari ad aria. Gazz clin. dello spedale civico di Palermo. Nr. 10, 11.

1870. **Hüter. C.** (Greifswald). — Fall von Kohlenoxydvergiftung durch Transfusion geheilt. Berl. klin. Wochenschrift, 28, pag. 341.

1870. **Beatty Thomas**. — Transfusion succesful in a case of post partum hemorrhage. Dublin quart. Journ. May.

1870. **Alexander Bresgen**. — Die Lanzennadelspritze zur Infusion' u. Transfusion, beim Scheintod und in der Laryngoscopie. Köln und Leipzig. 1870. 15 Seiten.

1871. **Fr. Betz in Heilbron**. — Memorabilien VI. 2. April.

1871. **W. Loeventhal.**—Diss. Ueber die Transfusion des Blutes. Heidelberg 1871. 23 Seiten.

1871. **Sacklén**.—Nord. med. Ark. III. 1.

1871. **Asché zu Düben:**—Die neueren Mittheilungen über Transfusion des Blutes. In Schmidt's Jahrbücher. Jahrgang 1871.

1871. **Richardson.**—Med.soc. of. London (Sitzung vom 30. Jan. 1871); in der Med. Times and Gaz.; March 4. pag. 264.

1871. Louisville Courir Journal. 7. Juni.

1871. **Gusserow**. — Ueber hochgradigste Anaemie Schwangerer Archiv für Gynakologie. 2. Band. pag. 234.

1871. **Ruggi Giuseppe**. — Nuova cannula per la transfusione del sangue, e per la sunotamento sotto-cutaneo degli ascessi e delle raccolte di liquido intra-articolari. Rivista clinica di Bologna. Juli u. Aug. pag. 223.

1871. **Jürgensen**. — Vier Fälle von Transfusion des Blutes. Berliner klin. Wochenschrift. Nr. 21, 22, 25. 26, —

1871. **Loewenthal. W.** — Ein Beitrag zur Lehre der Transfusion des Blutes. Berlin. klin. Wochenschrift. Nr. 41. —
1871. **De Christoforis.** — La transfusione del sangue et le infusioni. Milano.
1871. **Buchser.** — A succesful case of transfusion. New York Med. Record, 1 Mai, pag. 100.
1871. **Belina.** — Transfusion du sang défibriné practiqué avec succès pour une hémorrhagie utérine. Gaz. méd. de Paris 6., pag. 46.
1871. **Robert Bahrdt.** Nitrobenzinvergiftung. Arch. d. Heilk. XII. 4. u. 5. pag. 320.
1872. **Leisring in Hamburg.** — Vier Fälle von Transfusio sanguinis. Berliner klinische Wochenschrift Nr. 7.
1872. **Wilke in Halle.** — Fall von Pyaemie, geheilt durch arterielle Transfusion. Berliner klinische Wochenschrift vom 25. März 1872.
1872. **Kernig in St. Petersburg.**—Zwei Fälle von Transfusionen mit defibrinirtem Blute im Choleratyphoid ohne den leisesten Erfolg.
Verhandlungen des allgemeinen Vereins St. Petersburger Aerzte, Sitzung vom 14. Sept. 1871. In der St. Petersburger medicinischen Zeitschrift. St. Petersburg.
1872. **Rommelaere,** (Professor der Histologie zu Brüssel).—Die Behandlung der Phosphorvergiftng. Bull. de Thé.r LXXXII; pag. 145. Févr. 29.
1872. **J. Wickham Legg.** — Treatise on Haemophilia, sometimes called the hereditary Haemorrhagic Diathesis. London. 158 Seiten.

ERRATA.

Auf Seite	Zeile	von Oben lies:	statt:
9	19	Athmungscentren	Athmungscentra
11	22	unparteiisch	unpartheiisch
17	13	Individuums	Individuums
27	36	Infusion	Punction
29	13	seit Jahren	seit Jahrem
30	35	Stempel	Stengel
31	26	in Menschen	im Menschen
31	27	in einen	in einem
31	35	in Meuschen	im Menschen
60	22	einen	eine
83	15	Venensystem	Venensistem
87	32	erheblichen	erblichen
107	9	Arterienlumen	Artenlumen
87	37	in die Uterinvene	in den Utrinvenen
109	32	von 115 Transfusion	von ungefähr 70 Transfusionen
109	33	36	18
110	6	115 Transfnsionen	70 Transfnsionen
110	6	36	18
111	10	36	18
114	15	Verdauungssäften	Verdauungsgeschätten
115	10	wird	werden.

www.ingramcontent.com/pod-product-compliance
Lightning Source LLC
Chambersburg PA
CBHW030821190426
43197CB00036B/712